新技术时代

数控机床工 操作技术

SHU KONG JI CHUANG GONG CAO ZUO JI SHU

吴 敏 ◉主编

1

2

3

4

上海科学技术文献出版社

U0198299

图书在版编目（CIP）数据

数控机床工操作技术 / 吴敏主编 . —上海：上海科学技术文献出版社，2013.1
ISBN 978-7-5439-5595-0

Ⅰ . ①数… Ⅱ . ①吴… Ⅲ . ①数控机床—操作—技术培训—教材 Ⅳ . ① TG659

中国版本图书馆 CIP 数据核字（2012）第 265886 号

责任编辑：祝静怡　夏　璐
封面设计：汪　彦

数控机床工操作技术
吴　敏　主编
*
上海科学技术文献出版社出版发行
（上海市长乐路 746 号　邮政编码 200040）
全国新华书店经销
上海市崇明县裕安印刷厂印刷
*
开本 850×1168　1/32　印张 10.25　字数 275 000
2013 年 1 月第 1 版　2013 年 1 月第 1 次印刷
ISBN 978-7-5439-5595-0
定价：25.00 元
http://www.sstlp.com

内容提要

　　本书是根据一个初级数控机床操作工人,能在机床上独立完成零件加工的要求来编写的,内容包括数控机床概述;数控机床结构;数控机床的常用量具;数控机床加工基础知识;数控机床编程基础;数控机床加工综合实训操作实例;数控加工中心等。

　　本书可供初学数控机床操作法的技术工人学习参考,也可作为职业技术学院(校)数控专业的教材和教师参考用书,以及工厂企业培训青年工人用的培训教材。

QIAN YAN

前言

　　数控技术是技术性很强的工作，是现代先进的制造技术，数控技术已经成为机械制造业技术改造和技术更新的核心内容。当前，随着数控机床的应用范围的不断扩大，社会上急需一大批熟悉数控加工工艺、熟练掌握现代数控机床编程和操作的技术人才。例如，一个数控操作工人，他在接受零件加工任务后，能根据要求，独立确定零件的数控加工步骤、工件的装夹、编程、正确操作数控机床等，完成零件从毛坯开始到成品为止的加工全过程。目前工厂正需要这样的技术人员。

　　要达到上面所说的要求，就需要学习一些有关数控机床的基础知识，例如：数控加工工艺、数控编程的基础知识以及数控机床的操作过程等。

　　本书主要内容是数控编程和数控机床的操作，全书内容力求新颖实用，在编写过程中力求通俗易懂，理论上力求层次分明，详简得当，既有理论又有实例，以实例用图文配合的方法来说明数控机床加工操作的全过程。书中所选实例实用性强、可操作性强，有利于读者学习、掌握数控加工基础知识和实用操作技能。

在编写过程中,广泛参阅了国内外同行的专著、教材、讲稿、论文等文献资料,并得到了数控界有关专家的指导和帮助,在此一并表示感谢!

由于编者水平有限,书中欠妥之处在所难免,恳请读者和同行批评指正。

编　者

2007 年 11 月

MU LU

目录

第 1 章　数控机床概述 …………………… 1

　第一节　数控机床的基本概念 …………… 1

　　一、数控机床的种类 ……………… 1

　　二、数控机床的组成 ……………… 2

　　三、数控机床的加工过程 ………… 3

　　四、数控机床的适应范围 ………… 4

　第二节　数控机床的分类 ………………… 5

　　一、按机床的运动轨迹分类 ……… 5

　　二、按伺服控制的类型分类 ……… 6

　　三、按数控系统的功能水平分类 ………… 7

　　四、按加工工艺和机床用途的类型分类 … 8

　　思考与练习 ……………………… 9

第 2 章　数控机床结构 ………………… 10

　第一节　数控机床结构概述 …………… 10

　　一、数控机床结构的特点 ………… 10

　　二、数控机床的模块化和机电一体化 … 11

　　三、数控机床的结构刚度 ………… 12

　　四、机床的热变形 ……………… 18

　　五、运动件的摩擦和消除传动间隙 ……… 21

　　六、机床的寿命和精度保持性 …… 23

　　七、辅助时间和可操作性 ………… 24

　第二节　数控机床的主传动系统 ……… 25

　　一、主传动系统的特点 …………… 25

　　二、主传动的变速方式 …………… 25

　　三、主传动系统的主轴部件 ……… 27

第三节　数控机床的总体布局 …………………………………… 29

一、总体布局与工件形状、尺寸和质量的关系 ………… 29

二、运动分配与部件的布局 ……………………………… 31

三、总体布局与机床结构性能 …………………………… 32

四、自动换刀数控卧式镗铣床(加工中心)的总体布局 … 34

五、机床的使用要求与总体布局 ………………………… 36

第四节　进给系统的机械传动结构 ……………………………… 37

一、基本要求 ……………………………………………… 37

二、典型结构 ……………………………………………… 38

三、进给系统机械结构的关键元件 ……………………… 40

第五节　数控机床的自动换刀装置 ……………………………… 46

一、回转刀架换刀装置 …………………………………… 47

二、多主轴转塔头换刀装置 ……………………………… 47

三、刀库-机械手自动换刀系统 ………………………… 48

第六节　数控机床的辅助机械装置 ……………………………… 52

一、液压和气动装置 ……………………………………… 52

二、数控回转工作台 ……………………………………… 53

三、排屑装置 ……………………………………………… 57

四、高速动力卡盘 ………………………………………… 58

五、对刀仪 ………………………………………………… 59

思考与练习 ………………………………………………… 61

第3章　通用量具使用方法 ……………………………………… 62

第一节　量块简介 ………………………………………………… 62

一、量块的主要用途 ……………………………………… 62

二、量块的使用及尺寸组合 ……………………………… 63

第二节　游标卡尺简介 …………………………………………… 64

一、游标卡尺的结构与工作原理 ………………………… 64

二、游标卡尺的读数方法 ………………………………… 64

三、游标卡尺使用注意事项 ……………………………… 65

第三节　外径千分尺简介 …………………………………… 65
　一、外径千分尺的结构和工作原理 ………………………… 65
　二、外径千分尺的读数方法 ………………………………… 66
　三、外径千分尺的使用注意事项 …………………………… 67
第四节　内径千分尺简介 …………………………………… 68
　一、内径千分尺的结构 ……………………………………… 68
　二、内径千分尺使用方法 …………………………………… 68
第五节　深度千分尺简介 …………………………………… 69
　一、深度千分尺的结构 ……………………………………… 69
　二、深度千分尺使用方法 …………………………………… 69
第六节　百分表简介 ………………………………………… 70
　一、百分表结构与工作原理 ………………………………… 70
　二、百分表使用方法 ………………………………………… 71
第七节　圆度仪简介 ………………………………………… 71
第八节　三坐标测量机简介 ………………………………… 72
　思考与练习 …………………………………………………… 73

第4章　数控机床的加工基础 ……………………………… 74
第一节　刀具材料 …………………………………………… 74
　一、数控机床对刀具的要求 ………………………………… 74
　二、数控机床对刀具材料的要求 …………………………… 75
　三、刀具材料的种类 ………………………………………… 75
第二节　数控车床的刀具 …………………………………… 76
　一、数控车削加工刀具及其选择 …………………………… 76
　二、常用车刀类型和用途 …………………………………… 77
　三、刀片材质与选用 ………………………………………… 78
　四、可转位刀片型号与 ISO 表示规则 …………………… 79
　五、可转位刀片型号的选用 ………………………………… 82
　六、车削用夹具的选择 ……………………………………… 87
第三节　数控铣床刀具 ……………………………………… 91

一、数控铣刀结构与类型 ……………………………………… 91
二、数控铣床刀具的选择 ……………………………………… 93
三、铣削用夹具的选择 ………………………………………… 99
第四节 数控机床加工工艺过程 ……………………………… 100
一、数控机床加工工艺分析 ………………………………… 100
二、数控加工工艺路线设计 ………………………………… 104
第五节 数控工艺分析实例 …………………………………… 124
一、车削加工轴类零件 ……………………………………… 124
二、铣削平面凸轮零件 ……………………………………… 126
三、铣削三维曲面零件 ……………………………………… 127
思考与练习 …………………………………………………… 128

第5章 数控机床的编程及基本指令 ……………………… 130
第一节 坐标系及工作台 ……………………………………… 130
一、坐标系 …………………………………………………… 130
二、机床坐标轴的确定方法 ………………………………… 131
三、数控编程的特征点 ……………………………………… 134
四、绝对坐标和相对坐标 …………………………………… 135
第二节 数控车床编程及基本指令 …………………………… 136
一、数控车床编程基础 ……………………………………… 136
二、F、S、T、M 指令功能 …………………………………… 147
三、G 指令应用 ……………………………………………… 149
四、补偿功能 ………………………………………………… 169
五、数控车床的对刀 ………………………………………… 173
六、子程序的应用 …………………………………………… 175
七、编程实例 ………………………………………………… 178
第三节 数控铣床编程及基本指令 …………………………… 181
一、数控铣床编程基础 ……………………………………… 181
二、数控铣床基本指令 ……………………………………… 182
三、编程实例 ………………………………………………… 217

　　　思考与练习 •• 223

第 6 章　数控机床加工综合实训操作实例 •••••••••••••••••• 227
　第一节　数控车床加工综合实训操作实例 •••••••••••••••• 227
　　　一、数控车床操作面板简介 •••••••••••••••••••••••••••••••• 227
　　　二、工程实例 •• 234
　第二节　数控铣床加工综合实训操作实例 •••••••••••••••• 244
　　　一、数控铣床操作面板简介 •••••••••••••••••••••••••••••••• 244
　　　二、工程实例 •• 252
　　　思考与练习 •• 266

第 7 章　数控加工中心编程与加工 •••••••••••••••••••••••••• 267
　第一节　数控加工中心简介 •••••••••••••••••••••••••••••••• 267
　　　一、加工中心简介 •• 267
　　　二、加工中心的组成 •••••••••••••••••••••••••••••••••••••• 268
　　　三、加工中心的分类 •••••••••••••••••••••••••••••••••••••• 269
　　　四、加工中心的编程特点 •••••••••••••••••••••••••••••••••• 271
　第二节　数控加工中心工艺处理 •••••••••••••••••••••••••• 272
　　　一、零件的工艺性分析 •••••••••••••••••••••••••••••••••••• 272
　　　二、确定加工顺序 •• 273
　　　三、加工阶段的划分 •••••••••••••••••••••••••••••••••••••• 274
　　　四、加工工步的确定 •••••••••••••••••••••••••••••••••••••• 275
　　　五、加工工艺参数确定 •••••••••••••••••••••••••••••••••••• 277
　第三节　刀具的选择与刀具交换 •••••••••••••••••••••••••• 280
　　　一、刀具的选择 •• 280
　　　二、数控加工中心的自动换刀 •••••••••••••••••••••••••••• 282
　　　三、自动换刀程序的编制 •••••••••••••••••••••••••••••••••• 283
　第四节　准备功能与辅助功能 •••••••••••••••••••••••••••• 283
　　　一、准备功能(G 功能) •••••••••••••••••••••••••••••••••••• 283
　　　二、常用准备功能的简要说明 •••••••••••••••••••••••••••• 285

　　三、辅助功能（M 功能） ························· 288
　第五节　数控加工中心加工实例 ·············· 289
　　一、工艺分析 ······························· 289
　　二、编程说明 ······························· 290
　　三、加工程序编制 ··························· 291
　　思考与练习 ································· 296

思考与练习答案 ································· 297
参考文献 ······································· 315

第1章 数控机床概述

本章主要介绍数控机床的基本知识，包括数控机床的种类、组成，分析了数控加工的过程以及适应范围，详细介绍了数控机床的不同控制系统。

第一节 数控机床的基本概念

一、数控机床的种类

1. 数字控制（Numerical Control，NC），简称数控，是指数字化信息实现加工自动化的一种控制技术。

2. 数控机床（Numerical Control Machine Tool，NCMT），是指数控技术与机床的结合，采用数字化代码对机床运动及其加工过程进行控制的机床，简称 CNC 机床。

3. 数控技术（Numerical Control Technology，NCT），是指数字、字母和符号对某一工作过程进行可编程自动控制的技术。它已经成为制造业实现自动化、柔性化、集成化生产的基础技术。

4. 数控机床的发展

1952 年美国帕森斯公司（Parsons）和麻省理工学院（MIT）合作研制成功世界上第一台三坐标数控铣床，用它来加工直升飞机叶片轮廓检查用样板。

经过多年的发展，目前数控机床已广泛地应用于汽车、飞机、船舶、家电、通信设备等的制造。此外，数控技术也在机器人、绘图机械、坐标测量机、激光加工机及等离子切割机、线切割、电火花等机械设备中得到广泛应用。

二、数控机床的组成

现代数控机床一般由输入/输出设备、计算机数控装置（CNC）、伺服系统和机床本体等部分组成，如图 1-1 所示。

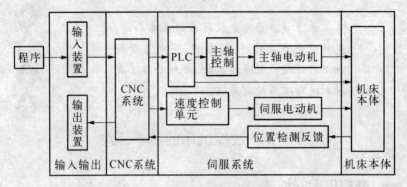

图 1-1　数控机床的组成

1. 输入/输出装置

输入/输出设备是 CNC 系统与外部设备进行交互装置。交互的信息通常是零件加工程序。即将编制好的记录在控制介质上的零件加工程序输入 CNC 系统或将调试好了的零件加工程序通过输出设备存放或记录在相应的控制介质上。常用的输入装置有软盘驱动器、RS232C 串行通信接口、MDI 方式等。各种类型数控机床中最直观的输出装置就是显示器。

2. 计算机数控装置

计算机控制（CNC）装置是数控机床的核心，它接受输入装置送来的数字信息，经过数控装置的控制软件和逻辑电路进行译码、运算和逻辑处理后，将各种指令信息输出给伺服系统，使设备按规定的动作执行，CNC 装置一般是由通用或专用的微型计算机构成。

3. 伺服系统

伺服系统包括伺服单元、伺服驱动装置(或执行机构)等,是数控系统的执行部分。其作用是把来自 CNC 装置的脉冲信号转换成机床的运动,使机床移动部件精确定位或按规定的轨迹做严格的相对运动,最后加工出符合图样要求的零件。有的伺服系统还配备有位置测量装置,可直接或间接测量执行部件的实际位移量,并反馈给数控装置,对加工的误差进行补偿。

4. 机床主体

数控机床的机床本体与传统机床相似,由主轴传动装置、进给传动装置、床身、工作台以及辅助运动装置、液压气动系统、润滑系统、冷却装置等组成。但为了满足数控技术的要求和充分发挥数控机床的效能,数控机床在整体布局、外观造型、传动系统、刀具系统的结构以及操作机构等方面都已发生了很大的变化。

三、数控机床的加工过程

利用数控机床完成零件的加工过程如图 1-2 所示。加工过程主要包括以下内容:

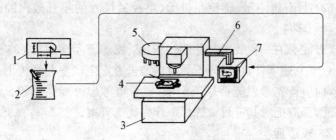

图 1-2　数控加工过程示意图

1—零件工艺图;2—加工程序单;3—数控机床;4—工件;
5—换刀装置;6—信号传输电缆;7—机床控制单元

(1) 根据零件的加工图样进行工艺分析,确定加工方案、工艺参数和位置数据。

(2) 用规定的程序代码和格式编写零件加工程序单,或用自动编程软件进行计算机辅助设计与制造工作,直接生成零件的加工程序文件。

(3)程序的输入或传输。由手工编写的程序,可以通过数控机床的操作面板输入程序;由自动编程软件生成的程序,通过计算机的串行通信接口直接传输到数控机床的数控单元(Machine Control Unit, MCU)。

(4)将输入或传输到数控单元的加工程序,进行刀具路径模拟、试运行。

(5)通过对机床的正确操作,运行程序,完成零件的加工。

四、数控机床的适应范围

数控机床的性能特点决定其应用范围。一般可按被加工零件的特点分为以下3类加工对象。

1. 最适应类

(1)加工精度要求高,形状、结构复杂,尤其是用数学模型描述的具有复杂曲线、曲面轮廓用普通机床无法加工或虽能加工但很难保证产品质量的零件。

(2)具有难测量、难控制进给、难控制尺寸的不开敞内腔的壳体或盒形零件。

(3)必须在一次装夹中完成铣、镗、钻、铰、攻丝等多道工序的零件。

对于上述零件,可以先不要过多地去考虑生产率与经济上是否合理,而应首先考虑能否加工出来,要着重考虑可能性问题。只要有可能,都应把对其进行数控加工作为优选方案。

2. 较适应类

(1)价格昂贵,毛坯获得困难,不允许报废的零件。这类零件在普通机床上加工时有一定的难度,容易产生次品或废品。

(2)在普通机床上加工时,生产率很低或体力劳动很大的零件,质量难以稳定控制的零件。

(3)用于改型比较、提供性能或功能测试的零件;多品种、多规格、单件小批量生产的零件。

（4）在普通机床上加工需要作长时间调整的零件。

这类零件在首先分析其可加工性以后，还要在提高生产率及经济效益方面做全面衡量，一般可把它们作为数控加工的主要选择对象。

3. 不适应类

（1）生产批量大的零件。

（2）装夹困难或完全靠找正定位来保证加工精度的零件。

（3）加工余量很不稳定，且数控机床没有在线检测系统可自动调整零件坐标位置的零件。

（4）必须用特定的工装协调加工的零件。

因为上述零件采用数控加工后，在生产率与经济性方面一般无明显改善，更有可能弄巧成拙或得不偿失，故此类零件一般不应作为数控加工的选择对象。

第二节　数控机床的分类

一、按机床的运动轨迹分类

1. 点位控制数控机床

点位控制数控机床的数控装置只控制机床移动部件从一个位置（点）移动到另一个位置（点），而不控制点到点之间的运动轨迹，刀具在移动过程中不进行切削加工。如数控钻床、数控冲床等。如图 1-3 所示。

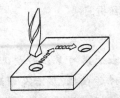

图 1-3　点位控制机床
加工示意图

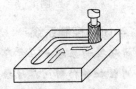

图 1-4　点位直线控制机床
加工示意图

2. 直线控制数控机床

直线控制数控机床的数控装置除了要控制机床移动部件的起点和终点的准确位置外,还要控制移动部件以适当速度沿平行于某一机床坐标轴方向或与机床坐标轴成 45°的方向进行直线切削加工。如简易数控车床、简易数控磨床等。如图 1 - 4 所示。

3. 轮廓控制数控机床

轮廓控制数控机床的数控装置能够同时对两个或两个以上坐标轴进行联动控制,从而实现曲线轮廓和曲面的加工。如具有两坐标或两坐标以上联动的数控铣床、数控车床等。如图 1 - 5 所示。

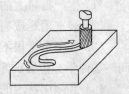

图 1 - 5　轮廓控制机床加工示意图

二、按伺服控制的类型分类

1. 开环控制系统

☞ *开环控制系统指不带反馈的控制系统,即系统没有位置反馈元件,通常以功率步进电机或电液伺服电机作为执行机构。* 如图 1 - 6 所示,开环控制数控机床具有结构简单、工作稳定、调试方便、维修简单、价格低廉等优点,在精度和速度要求不高、驱动力矩不大的场合得到广泛应用,一般用于经济型数控机床。

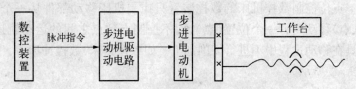

图 1 - 6　开环控制系统框图

2. 半闭环控制系统

☞ *半闭环控制系统是在开环系统的丝杠上装有角位移检测装置,通过检测丝杠的转角间接地检测移动部件的位移,然后反馈给数控装置。* 如图 1 - 7 所示,半闭环系统结构简单、调试方便、精度也较高,在现代数控机床中得到广泛应用。

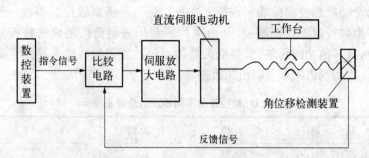

图 1 - 7   半闭环控制系统框图

3. 闭环控制系统

闭环控制系统是在机床移动部件上直接装有位置检测装置,将测量的结果直接反馈到数控装置中,与输入的指令位移进行比较,用偏差进行控制,使移动部件按照实际的要求运动,最终实现精确定位。如图 1 - 8 所示,该控制系统主要用于精度要求很高的镗铣床、超精车床、超精磨床以及较大型的数控机床。

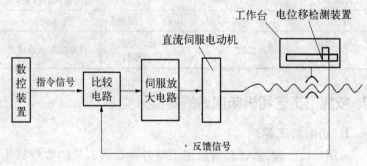

图 1 - 8   闭环控制系统框图

三、按数控系统的功能水平分类

按数控系统的功能水平不同,数控机床可分为低、中、高三档。这种分类方式,在我国广泛使用。低、中、高档的界限是相对的,不同时期的划分标准有所不同。就目前的发展水平来看,数控系统可以根据表 1 - 1 的一些功能和指标进行区分。其中,中、高档一般称为全功能数控或标准型数控。在我国还有经济型数控的提法。经济型数控属于低档数控，是由单片机和步进电动机组成的数控系统，或其他功能简单、价格低的数控系统。经济型数控主要用于车床、线切割机床以及旧机床改造等。

表 1-1　数控系统不同档次的功能及指标

功　能	低　档	中　档	高　档
系统分辨率(μm)	10	1	0.1
G00 速度(m/min)	3～8	10～24	24～100
伺服类型	开环及步进电动机	半闭环及直、交流伺服电动机	闭环及直、交流伺服电动机
联动轴数	2～3	2～4	≥5
通信功能	无	RS-232 或 DNC	RS-232、DNC、MAP
显示功能	数码显像管	CRT：图形、人机对话	CRT：三维图形、自诊断
内装 PLC	无	有	功能强大的内装 PLC
主 CPU	8 位、16 位 CPU	16 位、32 位 CPU	32 位、64 位 CPU
结　构	单片机或单板机	单微处理器或多微处理器	分布式多微处理器

四、按加工工艺和机床用途的类型分类

1. 切削加工类

采用车、铣、镗、磨、刨、齿轮加工等各种切削工艺的数控机床。它又可分为以下两类：

（1）普通型数控机床

如数控镗铣床、数控车床、数控磨床、数控齿轮加工机床等。

（2）加工中心

加工中心是带有刀库和自动换刀装置的数控机床。工件经一次装夹后，通过自动更换各种刀具，在同一台机床上对工件各加工表面连续进行铣(车)、镗、铰、钻、攻丝等多种工序的加工，如镗/铣

类加工中心、车削中心、钻削中心等。

2. 成型加工类

采用挤、冲、压、拉等成型工艺的数控机床。常用的有数控压力机、数控折弯机、数控弯管机、数控旋压机等。

3. 特种加工类

主要有数控线切割机、数控电火花加工机、数控火焰切割机、数控激光加工机等。

4. 其他类型

主要有三坐标测量仪、数控装配机、数控测量机、数控绘图仪、机器人等。

··[··· 思 考 与 练 习 ···]··

1. 什么是数控技术？
2. 数控机床由哪些基本的结构组成？
3. 简述数控机床的加工过程。
4. 开环控制系统、半闭环控制系统以及闭环控制系统各有什么区别？分别使用在什么场合？
5. 简述数控机床的分类。

第2章 数控机床结构

本章主要介绍了数控机床的结构特点。分析了数控机床的总体布局以及进给系统的机械传动结构,并对数控机床的辅助机械传动装置作了简单介绍。

第一节 数控机床结构概述

一、数控机床结构的特点

在数控机床发展的初级阶段,人们通常认为任何设计优良的传统机床只要装备了数控装置就能成为一台完善的数控机床。当时采取的主要方法是在传统的机床上进行改装,或者以通用机床为基础进行局部的改进设计,这些方法在当时还是很有必要的。但随着数控技术的发展,考虑到它的控制方式和使用特点,对机床的生产率、加工精度和寿命提出了更高的要求。因此,传统机床的一些弱点(例如结构刚性不足、抗振性差、滑动面的摩擦阻力及传动元件中的间隙较大等)就越来越明显地暴露出来,它的某些基本结构限制着数控机床技术性能的发挥。现以机床的精度为例,数控机床通过数字信息来控制刀具与工件的相对运动,它要求在相当大的进给速度范围内能达到较高的精度。当进给速度范围在 5～15 000 mm/min、最大加速度为 1 500 mm/s² 时,定位通常精度为 ±0.05～±0.015 mm;进行轮廓加工时,在 5～2 000 mm/min 的进给范围内,精度为 0.02～0.05 mm。如此高的加工要求就不难理解远在

20 多年前已逐步由改装现有机床转变为针对数控的要求设计新机床的原因。

用数控机床加工中、小批量工件时,要求在保证质量的前提下比传统加工方法有更好的经济性。数控机床价格较贵,因此,每小时的加工费用比传统机床的要高。如果不采取措施大幅度地压缩单件加工工时,就不可能获得较好的经济效果。刀具材料的发展使切削速度成倍地提高,它为缩短切削时间提供了可能;加快换刀及变速等操作,又为减少辅助时间创造了条件。然而,这些要求将会明显地增加机床的负载和负载状态下的运转时间,因而对机床的刚度及寿命都提出了新的要求。此外,为了缩短装夹与运送工件的时间,以及减少工件在多次装夹中所引起的定位误差,要求工件在一台数控机床上的一次装夹中能先后进行粗加工和精加工,要求机床既能承受粗加工时的最大切削功率,又能保证精加工时的高精度,所以机床的结构必须具有很高的强度、刚度和抗振性。除了要排除操作者的技术熟练程度对产品质量的影响,以避免人为造成废品和返修品外,数控系统还要对刀具的位置或轨迹进行控制,还要具备自动换刀和补偿等其他功能,因而机床的结构必须有很高的可靠性,以保证这些功能的正确执行。

二、数控机床的模块化和机电一体化

数控机床的模块化是把数控机床各个部件的基本单元,按不同功能、规格、价格设计成多种模块,用户按需要选择最合理的功能模块配置成整机。它灵活的机床配置使用户在数控机床的功能、规格方面有更多的选择余地,做到既能满足用户的加工要求,又尽可能不为多余的功能承担额外的费用。这不仅能降低数控机床的设计和制造成本,而且能缩短设计和制造周期,最终赢得市场。目前,模块化的概念已开始从功能模块向全模块化方向发展,它已不局限于功能的模块化,而是扩展到零件和原材料的模块化。

数控机床的机电一体化是对总体设计和结构设计提出的重要要求。它是指在整个数控机床功能的实现以及总体布局方面必须综合考虑机械和电气两方面的有机结合。新型数控机床的各系统已不再是各自不相关联的独立系统。最具典型的例子之一是数控机床的主轴系统已不再是单纯的齿轮和带轮的机械传动,而更多的是由交流伺服电动机为基础的电主轴。电气总成也已不再是单纯游离于机床之外的独立部件,而是在布局上与机床结构有机地融为一体。由于抗干扰技术的发展,目前已把电力的强电模块与微电子的计算机弱电模块组合成一体,既减小了体积,又提高了系统的可靠性。

三、数控机床的结构刚度

机床的刚度是指在切削力和其他力作用下,抵抗变形能力。数控机床比普通机床要求具有更高的静刚度和动刚度,有标准规定,数控机床的刚度应比类似的普通机床高50%。

机床在切削加工过程中,要承受各种外力的作用,承受的静态力有运动部件和被加工零件的自重,承受的动态力有:切削力、驱动力、加减速时引起的惯性力、摩擦阻力等。机床的结构部件在这些力作用下将产生变形,如固定连接表面或运动啮合表面的接触变形;各支承零部件的弯曲和扭转变形,以及某些支承件的局部变形等,这些变形都会直接或间接地引起刀具和工件之间的相对位移,从而导致工件的加工误差,或者影响机床切削过程的特性。数控机床具有以下几个特点。

1. 构件的结构形式

（1）截面的形状和尺寸

构件在承受弯曲和扭转载荷后,其变形大小取决于断面的抗弯和扭转惯性矩,抗弯和扭转惯性矩大的其刚度就高。表2-1列出了在断面积相同（即重力相同）时各断面形状的惯性矩。从表中的数据可知:形状相同的断面,当保持相同的截面积时,应减小壁厚、加大截面的轮廓尺寸,圆形截面的抗扭刚度比方形截面的大,抗弯刚度则比方形截面的小;封闭式截面的刚度比不封闭式截面的刚度大很多;壁上开孔将使刚度下降,在孔周加上凸缘可使抗弯刚度得到恢复。

表 2-1 断面积相同时各断面形状的惯性矩

序号	截面形状	惯性矩计算（cm⁴）		序号	截面形状	惯性矩计算（cm⁴）	
		惯矩相对值				惯矩相对值	
		抗弯	抗扭			抗弯	抗扭
1	$\phi 113$	$\dfrac{800}{1.0}$	$\dfrac{800}{1.0}$	6	100×100	$\dfrac{833}{1.04}$	$\dfrac{800}{1.0}$
2	$\phi 113$ $\phi 160$ 23.5	$\dfrac{2\,420}{3.02}$	$\dfrac{800}{1.0}$	7	100 142 100 142	$\dfrac{2\,563}{3.21}$	$\dfrac{800}{1.0}$
3	$\phi 160$ $\phi 196$ 18	$\dfrac{4\,030}{5.04}$	$\dfrac{800}{1.0}$	8	200 50	$\dfrac{3\,333}{4.17}$	$\dfrac{800}{1.0}$
4	$\phi 160$ $\phi 196$		$\dfrac{800}{1.0}$	9	85 200 235 50	$\dfrac{5\,867}{7.35}$	$\dfrac{800}{1.0}$
5	25 10 300 25 150	$\dfrac{15\,517}{19.4}$	143	10	300 10 150 25 25	$\dfrac{2\,720}{3.4}$	

(2) 隔板和筋条的布置

合理布置支承件的隔板和筋条,可提高构件的静、动刚度。图2-1所示的几种立柱的结构,在内部布置有纵、横和对角筋板,对它们进行静、动刚度试验的结果列于表2-2中。其中以交叉筋板(序号e)的作用最好。

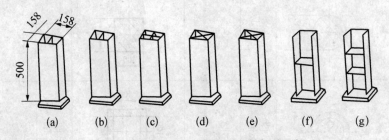

图2-1 内部布置纵、横和对角筋板的立柱

表2-2 对图2-1立柱结构静、动刚度试验的结果

模型类别		静　　刚　　度				动　　刚　　度		
		抗弯刚度		抗扭刚度		抗弯刚度相对值	抗扭刚度相对值	
序号	模型简图	相对值	单位重力刚度相对值	相对值	单位重力刚度相对值		振型Ⅰ	振型Ⅱ
a	□	1 1	1 1	1 7.9	1 7.9	1 2.3	1.2 —	7.7 44
b	⊟	1.17 1.13	0.94 0.90	1.4 7.9	1.1 6.5	1.2 —	— —	— —
c	⊞	1.14	0.76	2.3 7.9	1.5 5.7	3.8	3.8	6.5
d	◩	1.21 1.19	0.90	10 12.2	7.5 9.3	5.8	10.5	—
e	◪	1.32	0.81 0.83	18 19.4	10.8 12.2	3.5	—	61

（续 表）

模型类别		静　　刚　　度				动　　刚　　度		
		抗 弯 刚 度		抗 扭 刚 度		抗弯刚度相对值	抗扭刚度相对值	
序号	模型简图	相对值	单位重力刚度相对值	相对值	单位重力刚度相对值		振型 I	振型 II
f	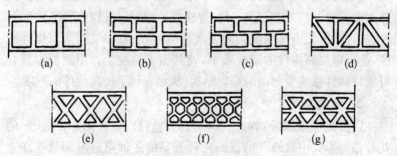	0.91	0.85	15	14	3.0	12.2 —	6.1 42
g		0.85	0.75	17	14.6	2.8 3.0	11.7 —	6.1 26

注：① 每一序号中，第一行为无顶板的，第二行为有顶板的。
②振型 I 指断面形状有严重畸变的扭振，振型 II 指纯扭转的扭振。

　　对一些薄壁构件，为减小壁面的翘曲和构件截面的畸变，可以在壁板上设置如图 2-2 所示的筋条，其中以蜂窝状加强肋较好，如图 2-2f 所示，它除了能提高构件刚度外，还能减小铸造时的收缩应力。

图 2-2　壁板上的筋条种类

（3）构件的局部刚度

　　机床的导轨和支承件的连接部件，往往是局部刚度最弱的部分，但是连接方式对局部刚度的影响很大。图 2-3 给出了导轨和床身连接的几种形式，如果导轨的尺寸较宽时，应用双壁连接形式，如图 2-3d、e、f。导轨较窄时，可用单壁或加厚的单壁连接，或者在单壁上增加垂直筋条以提高局部刚度。

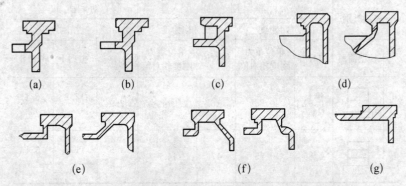

(a)   (b)   (c)   (d)

(e)   (f)   (g)

图 2‑3 导轨与床身的连接形式

（4）选用焊接结构的构件

机床的床身、立柱等支承件，采用钢板和型钢焊接而成，具有减小质量和提高刚度的显著优点。钢的弹性模量约为铸铁的 2 倍，在形状和轮廓尺寸相同的前提下，如要求焊接件与铸件的刚度相同，则焊接件的壁厚只需铸件的一半；如果要求局部刚度相同，则因局部刚度与壁厚的 3 次方成正比，焊接件的壁厚只需铸件壁厚的 80%左右。此外，无论是刚度相同以减轻质量，或者质量相同以提高刚度，都可以提高构件的谐振频率，使共振不易发生。用钢板焊接有可能将构件做成全封闭的箱形结构，从而有利于提高构件的刚度。

2. 结构布局

以卧式镗床或卧式加工中心为例进行分析，在图 2‑4 所示的几种布局形式中，(a)、(b)、(c)三种方案的主轴箱是单面悬挂在立柱侧面，主轴箱的自重将使立柱产生弯曲变形；切削力将使立柱产生弯曲和扭转变形。这些变形将影响到加工精度。方案(d)的主轴箱中心位于立柱的对称面内，主轴箱的自重不再引起立柱的变形，相同的切削力所引起的立柱的弯曲和扭转变形均大为减小，这就相当于提高了机床的刚度。

数控机床的拖板和工作台，由于结构尺寸的限制，厚度尺寸不

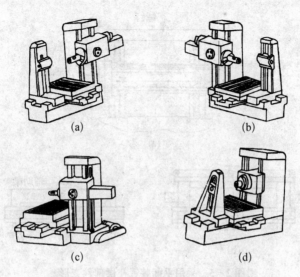

图 2-4 卧式加工中心的几种布局形式

(a)、(b)、(c) 单面悬挂主轴箱；(d) 主轴箱位于立柱对称面内

能设计得太大，但是宽度或跨度又不能减小，因而刚度不足，为弥补这一缺陷，除主导轨外，在悬伸部位增设辅助导轨，可大大提高拖板和工作台的刚度。

3. 补偿构件变形的结构措施

在外力的作用下，机床的变形是不可避免的。采取相应的措施，补偿有关零件、部件的受力变形，即相当于提高了机床的刚度。如图 2-5a 所示的大型龙门铣床，当主轴部件移到横梁的中部时，横梁的弯曲变形最大。为此，可将横梁导轨做成"拱形"，即中部为凸起的抛物线形，可使其变形得到补偿。或者通过在横梁内部安装的辅助横梁和预校正螺钉对主导轨进行预校正。也可以用加平衡重或加拉力弹簧的办法，减少横梁同主轴箱自重而产生的变形，如图 2-5b，c 所示。落地镗床主轴套筒伸出时的自重下垂，卧式铣床主轴滑枕伸出时的自重下垂，均可用加平衡重的办法来减少或消除其下垂。

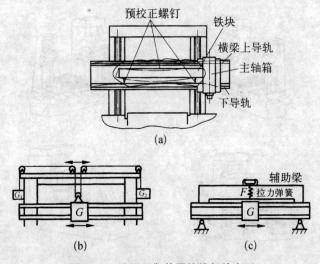

图 2-5 采用平衡装置补偿部件变形

(a) 安装预校正螺钉；(b) 加平衡重；(c) 加辅助梁和弹簧

四、机床的热变形

工艺过程的自动化和精密加工的发展对机床的加工精度和精度稳定性提出了越来越高的要求。机床在内外热源的影响下，各部件将发生不同程度的热变形，使工件与刀具之间的相对运动关系遭到破坏，也使机床精度下降。在通常情况下，为了使机床的热变形达到稳定的数值，需要花费很多时间来预热机床，这就直接影响了机床的生产率。对于数控机床来说，因为全部加工尺寸是由预先编制的指令控制的，热变形的影响就更为严重。

机床产生热变形的原因主要是热源及机床各部分的温差。热源通常包括加工中的切屑、运转的电动机、液压系统、传动件的摩擦以及机床外部的热辐射等。除了热源及温差以外，机床零件的材料、结构、形状和尺寸的不一致也是产生热变形的重要因素。

机床各部位热变形对加工精度的影响可以用图 2-6 来说明。图中的实线表示机床冷态时刀具和工件的相对位置。当机床运行了一段时间后，主轴箱内的传动件所产生的热量使立柱向上变形，产生了偏差 ΔY_1（如图 2-6a 所示）；在液压油泵及其他传动元件发热的影响下，床身沿纵向产生中间凸起的变形（如图 2-6b 所示），而且由于床身纵向的伸长使支承丝杠的轴承向左移动，又产生了偏差 ΔX（如图 2-6c 所示）；除此之外，还由于电动机所产生的热量，使立柱倾斜，造成了偏差 ΔY_2（如图 2-6d 所示）。综合这一系列的变形使被加工孔的坐标精度和轴线的垂直度受到了影响。

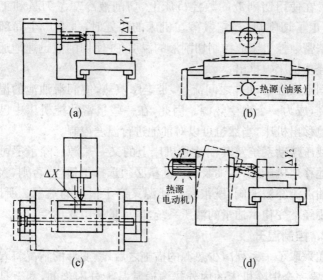

图 2-6 机床各部位热变形对加工精度的影响

减少数控机床的热变形，一般有以下几个措施。

1. 减少机床内部热源和发热量

机床内部发热是产生热变形的主要热源，应当尽可能地将热源从主机中分离出去。目前，大多数数控机床的电动机、变速箱、液压装置及油箱等都已外置。对于不能与主机分离的热源，如主轴轴承、丝杠螺母副、高速运动导轨副等，则必须改善其摩擦特性和润滑条件，以减少机床内部的发热。

主轴部件是直接影响加工精度的关键部件，而主轴上的轴承通常又是一个很大的内部热源。在数控机床上除了采用精密滚动轴承和对轴承进行油雾润滑外,还可采用静压轴承,这些措施都有利于降低主轴的温升。在精密数控机床的主轴箱内应尽量避免使用摩擦离合器等发热元件。

机床加工时所产生的切屑也是一个不可忽视的热源,产生大量切屑的数控机床必须带有完善的排屑装置,以便将热量尽快带走。也可以在工作台或导轨上装设隔热板,使这部分热量被隔离在机床之外。在使用切削液的数控机床上,切削液冷却了刀具和工件之后,带走了切削热,当它散落在机床的各处时,也会产生局部的温升。精密数控机床应控制切削液的温度,并使切削液迅速地通过最短途径从机床中排出。

润滑油在传动件之间流过,带走摩擦热,使润滑油池的温度逐渐升高,成为一个次生热源。因此,在一些精密数控机床中已把润滑油池移出机床,当然也可以对油池进行温度控制。

液压传动系统及其油池是机床上的又一热源。除了尽可能将此油池移出机床之外,油泵的供油量必须选择得适当,否则,大量多余的油液流经溢液阀,既浪费了能源又产生很大的热量。所以,对于需要经常变化供油量的液压系统,应尽量采用变量泵。

2. 控制温升

在采取了一系列减少热源的措施之后,热变形的情况将有所改善,但要完全消除机床的内外热源通常是十分困难的,甚至是不可能的,所以必须通过良好的散热和冷却来控制温升,以减少热源的影响。比较有效的方法是在机床的发热部位进行强制冷却。目前,对于多坐标轴的数控机床,由于它在几个方向上都要求很高的精度,因此,很难用补偿的方法来减少热变形的影响。对于这类机床,采用制冷系统对润滑液进行强制冷却的方法可以收到良好的效果。但制冷系统的冷却能力必须适当,如果吸热量大于机床内部热源的发热能力,将会使机床的温度低于环境温度,不仅引起收缩,而且湿空气将会冷凝在机床表面上而使机床生锈。

除了采用强制冷却之外,也可以在机床低温部分通过加热的方法,使机床各点的温度趋于一致,这样可以保持温度场的均匀,减少由于温差造成的翘曲变形。某些较大型的数控机床设有加热器,在加工之前通过加热来缩短机床的预热时间,以提高机床的实际生产率。

3. 改善机床结构

在同样发热的条件下,机床结构对热变形也有很大影响。目前,根据热对称原则设计的数控机床取得了较好的效果。因此,数控机床过去采用的单立柱结构有可能被双立柱结构所代替。双立柱结构由于左右对称,受热后的主轴轴线除产生垂直方向的平移外,其他方向的变形很小,而垂直方向的轴线移动可以方便地用一个坐标的修正量进行补偿。

对于数控车床的主轴箱,应尽量使主轴的热变形发生在刀具切入的垂直方向上,如图 2-7 所示。这是因为刀尖沿工件切向的偏移对工件径向尺寸的变化影响极小,几乎可以忽略。在结构上还应当尽可能地减小主轴中心与主轴箱底面的距离(如图中的尺寸 H),以减少热变形的总量;同时应使主轴箱的前后温升一致,避免主轴变形后出现倾斜。

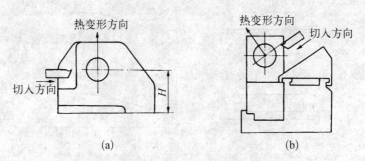

图 2-7 数控车床热变形方向与切入方向垂直

五、运动件的摩擦和消除传动间隙

数控机床的运动精度和定位精度不仅受到机床零部件的加工精度、装配精度、刚度及热变形的影响,而且与运动件的摩擦特性有关。

数控机床工作台(或拖板)的位移量是以脉冲当量作为它的最小单位,通常要求既能以高速又能以极低的速度运动。

目前,使用的滑动导轨、滚动导轨和静压导轨在摩擦阻尼特性方面存在着明显的差别。它们的摩擦力和运动速度的关系如图2-8所示。对于一般滑动导轨(图2-8a),如果启动时作用力克服不了数值较大的静摩擦力,这时被传动的工作台不能立即运动,作用力只能使一连串的传动元件(如步进电动机、齿轮、丝杠及螺母等)产生弹性变形,并储存了能量。当作用力超过静摩擦力时,弹性变形恢复,使工作台突然向前运动。这时由静摩擦力变为动摩擦力,其数值就明显减小,使工作台产生加速运动。由于工作台的惯性,使它冲过了平衡点而使工作台偏离了给定的位置。由图2-8b、图2-8c可见,由于滚动导轨和静压导轨的静摩擦力较小,而且很接近于动摩擦力,加上润滑油的作用,使它们的摩擦力随着速度的提高而增大,这就有效地避免了人们十分关心的所谓"低速爬行",从而提高了定位精度和运动平稳性。因此,数控机床普遍采用滚动导轨和静压导轨。

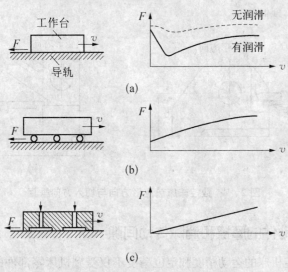

图 2-8 摩擦力和运动速度关系

滚动导轨块是近 30 年来发展起来的新型支承元件。由标准导轨块构成的滚动导轨有效率高、灵敏性好、寿命长、润滑简单及装拆方便等优点,因此,广泛应用于数控机床及其他机械。

由于滚动导轨和静压导轨降低了摩擦力,相应地减小了进给系统所需要的驱动扭矩,因此,可以使用较小功率的驱动电动机。在轮廓控制系统中,由于减小了电动机尺寸和惯性矩,这就显著地改善了系统的动态特性。

在点位直线或轮廓控制的数控机床上加工零件时,它经常受到变化的切削力,如果传动装置有间隙或刚性不足,则过小的摩擦阻力反而是有害的,因为它将会产生振动。针对这一情况,除了提高传动刚度之外,还可以采用滑动-滚动混合导轨,以改善系统的阻尼特性。

除了滚动导轨和静压导轨以外,近 20 多年来广泛采用了由聚四氟乙烯制成的贴塑导轨,它具有更为良好的摩擦特性、耐磨性和吸振作用。

在进给系统中用滚珠丝杠代替滑动丝杠也可以收到同样的效果,目前,数控机床几乎无一例外地采用了滚珠丝杠传动。

数控机床(尤其是开环系统的数控机床)的加工精度在很大程度上取决于进给传动链的精度。除了减少传动齿轮和滚珠丝杠的加工误差之外,另一个重要措施是采用无间隙传动副,用同步带传动代替齿轮已成为一种趋势。对于滚珠丝杠螺距的累计误差,通常采用脉冲补偿装置进行螺距精度补偿。

六、机床的寿命和精度保持性

为了缩短数控机床投资的回收时间,务必使机床保持很高的开动率(比一般通用机床高 2~3 倍),因此,必须提高机床的寿命和精度保持性。在保证尽可能地减少电气和机械故障的同时,要求数控机床在长期使用过程中不丧失精度,必须在设计时就充分考虑数控机床零部件的耐磨性,尤其是机床的导轨、进给丝杠及主轴部件等影响精度的主要零件的耐磨性。此外,保证数控机床各部件的良好润滑也是提高寿命的重要条件。

七、辅助时间和可操作性

在数控机床的单件加工时间中,辅助时间(非切削时间)占有较大的比例,要进一步提高机床生产率就必须采取措施最大限度地压缩辅助时间。目前,已经有很多数控机床采用了多主轴、多刀架、多工作台以及带刀库的自动换刀装置等,以减少换刀时间。对于多工序的自动换刀加工中心机床,除了减少换刀时间之外,还大幅度地压缩多次装拆工件的时间。几乎所有的数控机床都具有快速运动的机能,使空行程时间缩短。

数控机床是一种自动化程度很高的加工设备,在改善机床的操作性能方面已经增加了新的含意:在设计时应充分注意提高机床各部分的互锁能力,以防止意外事故的发生;尽可能改善操作者的观察、监控和维护条件,并设有紧急停车装置,这样就能进一步避免发生意外事故;此外,在数控机床上必须留出最有利的工件装夹位置,以改善装拆工件的操作条件。对于切屑数量较大的数控机床,其床身结构必须有利于排屑。图2-9所示是数控机床床身结构,床身底部的油盘制成倾斜式,以便于切屑的自动集中和排出。对于切削能力较大的斜置床身的数控机床,采用主轴反向转动的加工方式,使大量切屑直接落入自动排屑装置,并迅速被运输带从床身上排出,其结构如图2-10所示。

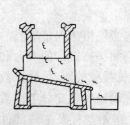

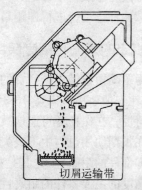

切屑运输带

图2-9 数控机床床身结构　　**图2-10 带切屑运输带的床身结构**

第二节 数控机床的主传动系统

一、主传动系统的特点

数控系统主传动主要是控制其运动速度,实现主轴转速的自动变换。主轴部件的刚度、精度、抗振性和热变形直接影响加工零件的精度和表面质量。主运动的转速高低及范围、传递功率大小和动力特性,决定了数控机床的切削加工效率和加工工艺能力。与普通机床比较,数控机床主传动系统具有下列特点:

1. 转速高、功率大

它能使数控机床进行高速、大功率切削,以提高切削效率。随着涂层刀具、陶瓷刀具和超硬刀具的发展和普及应用,数控机床的切削速度正朝着更高的方向发展。

2. 变速范围宽

可实现无级调速。为了保证数控机床加工时能选用合理的切削速度,或实现恒线速度切削,其传动系统可在较宽的调速范围内实现连续无级调速。

3. 具有较高的精度与刚度,传动平稳,噪声低

主传动件的制造精度与刚度高,耐磨性好;主轴组件采用精度高的轴承及合理的支承跨距,具有较高的固有频率,实现动平衡,保持合适的配合间隙并进行循环润滑。

4. 具有特有的刀具安装结构

为实现刀具的快速或自动装卸,数控机床主轴具有特有的刀具安装结构。

二、主传动的变速方式

1. 通过变速齿轮的主传动

这是大、中型数控机床中使用较多的一种主传动配置方式。一般采用无级调速主轴电动机,通过带传动和主轴箱内 2～3 级变速齿轮带动主轴运转,这样可使主轴箱的结构大大简化。由于主轴的变速是通过主电动机无级变速与齿轮有级变速相配合来实现的,因此既可扩大主轴的调速范围,又可扩大主轴的输出转矩。如图 2-11 所示。

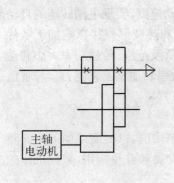

图 2-11　变速齿轮传动系统　　图 2-12　带传动的主轴系统

2. 通过带传动

如图 2-12 所示,这种传动主要应用在小型数控机床上,可克服齿轮传动引起的振动与噪声,但只能适用于低扭矩特性要求的主轴。电机本身的调速能够满足变速要求,不用齿轮变速。常用的传动带有同步齿形带和多楔带。

3. 由调速电机直接驱动的主传动

有两种类型,一种是主轴电机输出轴通过精密联轴器直接与主轴连接,如图 2-13 所示,其优点是结构紧凑,传动效率高,但主轴转速的变化及转矩的输出完全受电机的限制,随着主轴电机性能的提高,这种形式越来越多地被采用;另一种类型是主轴与电机转子合为一体,称为内装电机主轴。这种主传动方式大大简化了主轴箱体与主轴的结构,有效地提高了主轴部件的刚度,主轴转速高,但主轴输出扭矩小,电机发热对主轴的精度影响较大。

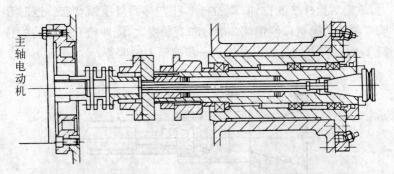

主
轴
电
动
机

图 2 - 13 电动机直接驱动主轴

三、主传动系统的主轴部件

数控机床的主轴部件是主运动的执行部件,它夹持刀具或工件,并带动其旋转。主轴部件既要满足精加工时高精度的要求,又要具备粗加工时高效切削的能力,因此在旋转精度、刚度、抗振性和热变形等方面,都有很高的要求。主轴部件包括主轴、主轴的支承以及安装在主轴上的传动零件,对于具有自动换刀功能的数控机床还有刀具自动装卸及吹屑装置、主轴准停装置等。

1. 主轴端部的结构

在带有刀库的自动换刀数控机床中,为实现刀具在主轴上的自动装卸,其主轴必须设计有刀具的自动夹紧机构。这里简单地介绍一下其主轴前端的结构形式,如图 2 - 14 所示。

当数控系统发出装刀信号后,刀具则由机械手或其他方法装插入主轴孔后,其刀柄及后部的拉钉 1 便被送到与主轴固定的前端套筒 5 内。随即数控系统发出刀具夹紧信号,此时拉杆 3 在后端碟形弹簧(图中略)的弹力作用下,呈紧紧拉伸(图 2 - 14 中往右方向)的状态。与拉杆固定连接的套筒 4 内的一组钢球 2,在套筒 5 的锥孔逼迫下,收缩分布直径,随即将刀柄拉钉 1 紧紧拉住,从而完成了刀具定位工作;反之,如需要松开刀具时,数控系统发出松刀信号后,在主轴拉杆 8 后端的油缸(图中略)作用下,便可克服碟形弹簧的弹力,放松对拉杆 3 的拉伸,即拉杆 3 往左移而呈压缩状态。这时套筒 5 前端的喇叭口使钢球 2 的分布直径变大,随即松开刀柄后的拉钉 1,即可卸下用过的刀具为进一步换新刀做准备。

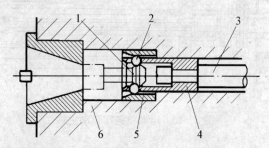

图 2-14 主轴头部刀具夹紧示意图

1—刀柄拉钉;2—钢球;3—主轴拉杆;4、5—套筒;6—主轴

另外,自动清除主轴孔中的切屑和灰尘是换刀时一个不容忽视的问题。通常采用在换刀的同时,从主轴内孔喷射压缩空气的方法来解决,以保证刀具准确地定位。

2. 主轴的支承

数控机床主轴支承根据主轴部件对转速、承载能力、回转精度等性能要求采用不同种类的轴承。中小型数控机床(如车床、铣床、加工中心、磨床)的主轴部件多采用滚动轴承;重型数控机床采用液体静压轴承;高精度数控机床(如坐标磨床)采用气体静压轴承;转速达 $(2\sim10)\times10^4$ r/mm 的主轴可采用磁力轴承或陶瓷球轴承。

数控机床采用滚动轴承作为主轴支承时,主要有以下几种不同的配置形式,如图 2-15 所示。

(1)前支承采用双列端圆柱滚子轴承和 60°角接触双列推力向心球轴承组合,承受径向和轴向载荷,后支承采用成对角接触球轴承,如图 2-15a 所示。这种结构配置形式是现代数控机床主轴结构中刚性最好的一种,它使主轴的综合刚度得到大幅度提高,以满足强力切削的要求,目前各类数控机床的主轴普遍采用这种配置形式。

(2)前支承采用角接触球轴承,由两三个轴承组成一套,背靠

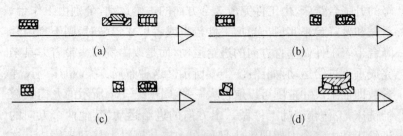

(a)　　　　　　　　　　(b)

(c)　　　　　　　　　　(d)

图 2-15　数控机床主轴配置形式

背安装,承受径向和轴向载荷,后支承采用双列短圆柱滚子轴承,如图 2-15b 所示。这种配置能承受的轴向载荷较前一配置小,但主轴部件精度较好,适合较高转速,较重切削载荷的主轴。

（3）前、后支承均采用角接触球轴承,用以承受径向和轴向载荷,如图 2-15c 所示。这种配置适合于高速、轻载和精密的数控机床主轴。

（4）前支承采用双列圆锥滚子轴承,用以承受和轴向载荷,后支承采用单列圆锥滚子轴承,如图 2-15d 所示。这种配置能承受重载荷和较强动载荷,但主轴转速受到限制,适合于中等精度、低速与重载的数控机床主轴。

第三节　数控机床的总体布局

一、总体布局与工件形状、尺寸和质量的关系

数控机床加工工件所需的运动仅只是相对运动,故对执行部件的运动分配可以有多种方案。例如,刨削加工可由工件来完成主运动而由刀具来完成进给运动,有如龙门刨床。或者相反,由刀具完成主运动而由工件完成进给运动,如牛头刨床。这样就影响到部件的配置和总体关系。当然,这都取决于被加工工件的尺寸、形状和质量。如图 2-16 中,同是用于铣削加工的机床,根据工件的质量与尺寸不同,可以有 4 种不同的布局方案。图 2-16a 是加工件较

轻的升降台铣床,由工件完成3个方向的进给运动,分别由工作台、滑鞍和升降台来实现。当加工件较重或者尺寸较高时,则不宜由升降台带着工件做垂直方向的进给运动,而是改由铣刀头带着刀具来完成垂直进给运动,如图2-16b所示。这种布局方案,机床的尺寸参数即加工尺寸范围可以取得大一些。图2-16c所示的龙门式数控铣床,工作台带动工件做一个方向的进给运动,其他两个方向的进给运动由多个刀架即铣头部件在立柱与横梁上移动来完成。这样的布局不仅适用质量大的工件加工,而且由于增多了铣头,使机床的生产效率得到很大的提高,当加工质量大的工件时,由工件做进给运动在结构上是难以实现的,故采用图2-16d所示的布局方案,全部进给运动均由铣头运动来完成,这种布局形式可减小机床的结构尺寸和质量,如车床类的机床,有卧式车床、端面车床、单立柱立式车床和龙门框架式立式车床等不同的布局方案,也是由加工件的尺寸与质量不同所决定的。

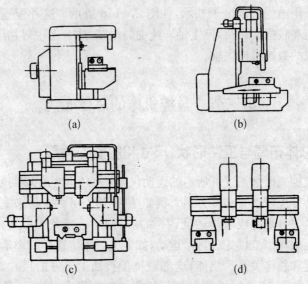

(a)　　　　　(b)

(c)　　　　　(d)

图2-16　因工件尺寸和质量引起的铣床不同结构布局

二、运动分配与部件的布局

运动数目,尤其是进给运动数目的多少,直接与表面成形运动和机床的加工功能有关。运动的分配与部件布局是机床总体布局的中心问题。以数控镗铣床为例,一般都有 4 个进给运动的部件,要根据加工的需要来配置这 4 个进给运动部件。如需要对工件的顶面进行加工,则机床主轴应布局成立式的,如图 2-12a 所示。在 3 个直线进给坐标之外,再在工作台上加一个既可立式也可卧式安装的数控转台或分度工作台作为附件。如果需要对工件的多个侧面进行加工,则主轴应布置成卧式的,同样是在 3 个直线进给坐标之外再加一个数控转台,以便在一次装卡之后能集中完成多面的铣、镗、钻、铰、攻丝等多工序加工,如图 2-12b、c 所示。而且数控卧式镗铣床的一个很大差异是:没有镗杆也没有后立柱。因为在自动定位镗孔时要将镗杆装调到后立柱中去是很难实现的。对于跨距较大的多层壁孔的镗削,只有依靠数控转台或分度工作台转动工件进行调镗头镗削来解决。因此,对分度精度和直线坐标的定位精度都要提出较高的要求,以保证调头镗孔时轴孔的同轴度。

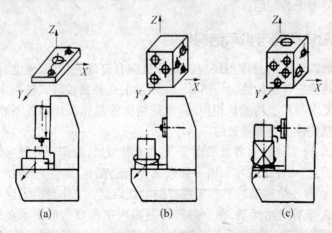

(a)　　　　　　(b)　　　　　　(c)

图 2-17　根据加工需要配置进给运动部件

(a) 立式主轴;(b) 卧式主轴加分度工作台;(c) 卧式主轴加数控转台

在数控铣镗床上用端铣刀加工空间曲面型工件,是一种最复杂的加工情况,除主运动以外,一般需要有 3 个直线进给坐标 X、Y、Z,以及两个回转进给坐标(即圆周进给坐标),以保证刀具轴线向量处处与被加工表面的法线重合,这就是所谓的主轴联动的数控铣镗床。由于进给运动的数目较多,而且加工工件的形状、大小、质量和工艺要求差异也很大。因此,这类数控机床的布局形式更是多种多样的,很难有某种固定的布局模式。在布局时可以遵循的原则是:获得较好的加工精度、较低的表面粗糙度值和较高的生产率;转动坐标的摆动中心到刀具端面的距离不要过大,这样可使坐标轴摆动引起的刀具切削点直角坐标的改变量小,最好是能布局成摆动时只改变刀具轴线量的方位,而不改变切削点的坐标位置;工件的尺寸与质量较大时,摆角进给运动由装有刀具的部件来完成,反之由装夹工件的部件来完成,这样做的目的是使摆动坐标部件的结构尺寸较小,质量较轻;两个摆角坐标合成矢量应能在半球空间范围的任意方位变动,同样,布局方案应保证机床各部件总体上有较好的结构刚度、抗振性和热稳定性;由于摆动坐标带着工件或刀具摆动的结果,将使加工工件的尺寸范围有所减少,这一点也是在总体布局时需要考虑的问题。

三、总体布局与机床结构性能

数控机床的总体布局应能兼顾机床有良好的精度、刚度、抗振性和热稳定等结构性能。图 2-18 所示的几种数控卧式镗铣床,其运动要求与加工功能是相同的,但是结构的总体布局却各不相同,因而结构性能是有差异的。

图 2-18a 和 b 方案采用了 T 型床身布局,前床身横置与主轴轴线垂直,立柱带着主轴箱一起做 Z 坐标进给运动,主轴箱在立柱上做 Y 向进给运动。T 型床身布局的优点是:工作台沿前床身方向做 X 坐标进给运动,在全部行程范围内工作台均可支承在床身上,故刚性较好,提高了工作台的承载能力,易于保证加工精度,而且可采用较长的工作台行程,床身、工作台及数控转台为三层结构,

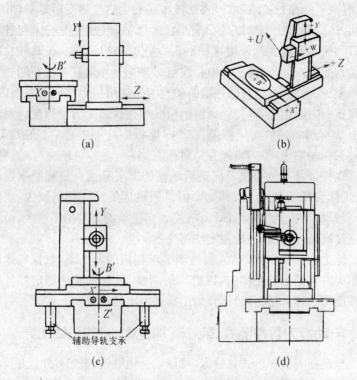

图 2 - 18　几种数控卧式镗铣床的不同结构布局方案

(a) T 型床身加框式立柱；(b) T 型床身加单立柱；
(c) 十字形工作台加单立柱；(d) 十字形工作台加框式立柱

在相同的台面高度下，比图 2 - 18c 和 d 的十字形工作台的四层结构，更易保证大件的结构刚性；而在图 2 - 18c 和 d 的十字形工作台的布局方案中，当工作台带着数控转台在横向（即 X 向）做大距离移动和下拖板 Z 向进给时，Z 向床身的十条导轨要承受很大的偏载，在图 2 - 18a、b 的方案中则没有这一问题。

图 2 - 18a、d 中，主轴箱装在框式立柱中间，设计成对称形结构；图 2 - 18b 和 c 中，主轴箱悬挂在单立柱的一侧，从受力变形和热稳定性的角度分析，这两种方案是不同的。框式立柱布局要比单立柱布局少承受一个扭转力矩和一个弯曲力矩，因而受力后变形就

小,有利于提高加工精度;框式立柱布局的受热与热变形是对称的,因此,热变形对加工精度的影响小。所以,一般数控镗铣床和自动换刀数控镗铣床大都采用这种框式立柱的结构形式。在四种总体布局方案中,都应该使主轴中心线与 Z 轴向进给丝杠布置在同一个平面 YOZ 平面内,丝杠的进给驱动力与主切削抗力在同一平面内,因而扭曲力矩很小,容易保证铣削精度和镗孔加工的平行度。但是在图 2-18a、c 中,立柱将偏在 Z 向拖板中心的一侧,而在图 2-18a、d 中,立柱和 X 向横床身是对称的。

立柱带着主轴箱做 Z 向进给运动的方案其优点是能使数控转台、工作台和床身为三层结构。但是当机床的尺寸规格较大,立柱较高较重,再加上主轴箱部件,将使 Z 向进给的驱动功率增大,而且立柱过高时,部件移动的稳定性将变差。

综上所述,在加工功能和运动要求相同的条件下,数控机床的总布局方案是多种多样的,以机床的刚度、抗振性和热稳定性等结构性能作为评价指标,可以判别出布局方案的优劣。

四、自动换刀数控卧式镗铣床(加工中心)的总体布局

自动换刀数控卧式镗铣床,可以说是由数控镗铣床加上刀具自动交换系统(包括刀库、识辨刀具的识刀器和刀具交换的机械手等)所组成。因此,要特别考虑的是如何将刀具自动交换系统与主机有机地结合在一起。所要考虑的问题有:选择合适的刀库、换刀机械手与识刀装置的类型,力求这些结构部件的结构简单,动作少而可靠;机床的总体结构尺寸。

如图 2-19a 所示的数控卧式镗铣床的布局方案,它采用四排链式刀库,装刀容量为 60 把,放在机床的左后方,与主机没有固联在一起。双爪式的机械手在立柱上移动,可在四排刀库的固定位置上取刀,取刀后机械手回转 180°,并上移到固定的换刀位置,在主轴上进行刀具交换。这种方案的刀库容量可以选得较大,放在主机之外对主机的工作没有影响;但要保证刀库、换刀机械手与主机之间的尺寸联系精度,安装调整较费时间;机械手的换刀动作也较多,尽

管有些可与加工时间重合,但动作太多,可靠性较难保证;而且整机占地面积较大,机床在整体上显得有些松散;只能实现固定位置换刀,主轴箱重复定位精度将影响加工台肩轴孔的同轴度。图 2-19b 是另一种加工中心的布局方案,链式刀库放置在主机的前方,对主机的操作有妨碍;换刀机械手装在主轴箱上,可以实现任意位置换刀,因而换刀动作少,立柱的 Z 向退刀动作就是回到换刀位置的动作。

在图 2-19c 的方案中,圆盘式刀库安装在立柱的后侧,与主轴箱距离较远,因此,采用了前后两个换刀机械手。后机械手将刀具

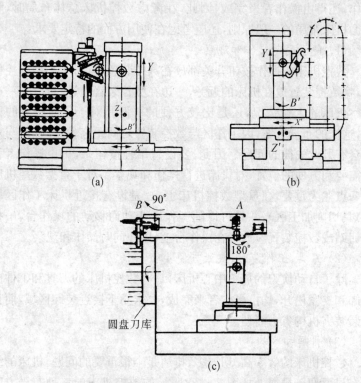

(a)　　　　　　　　　(b)

(c)

图 2-19　带自动换刀装置的数控卧式镗铣床的几种布局方案

(a) 链式刀库与主机分离布置;(b) 链式刀库安装在主机右前方;
(c) 圆盘刀库安装在立柱后侧

从刀库中取出,先是装入一个运刀装置中,随运刀装置移到固定的位置,再由前换刀机械手在主轴与运刀装置之间进行刀具交换,这样的设计与布局方案所用的结构部件较多,而且换刀的动作也较多,过程也较长,只能在固定位置换刀,同样存在加工台肩孔的不同轴问题。当然这样的布局方案的结构较紧凑。

五、机床的使用要求与总体布局

数控机床是一种全自动化的机床,但是像装卸工件和刀具(加工中心可以自动装卸刀具)、清理刀屑、观察加工情况和调整等辅助工作,还得由操作者来完成,因此,在考虑数控机床总体布局时,除遵循机床布局的一般原则,还应考虑在使用方面的特定要求:

(1)便于同时操作和观察

数控机床的操作按钮开关都放在数控装置上,对于小型数控机床,将数控装置放在机床的近旁,一边在数控装置上进行操作,一边观察机床的工作情况,还是比较方便的。但是对于尺寸较大的机床,这样的布局方案,因工作区与数控装置之间距离较远,操作与观察会有顾此失彼的问题。因此,要设置吊挂按钮站,可由操作者移至需要和方便的位置,对机床进行操作和观察。对于重型数控机床这一点尤为重要,在重型数控机床上,总是设有接近机床工作区域(刀具切削加工区),并且可以随工作区变动而移动的操作台,吊挂按钮站或数控装置应放置在操作台上,以便同时操作和观察。

(2)刀具、工件装卸、夹紧方便

除了自动换刀的加工中心机床以外,数控机床的刀具和工件的装卸和夹紧松开,均由操作者来完成,要求易于接近装卸区域,而且安装装夹机构省力简便。

(3)排屑和冷却

数控机床的效率高、切屑多,排屑是个很重要的问题,机床的结构布局要便于排屑。如图2-20所示的数控机床的三种布局方案中,横床身不利于排屑;斜床身有利于排屑,对于立床身,而且采用反车的加工方式,则可使大量的切屑直接落入自动排屑的运输装置,迅速送出机床床身之外。

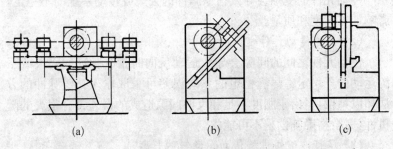

图 2-20　数控机床三种布局方案

(a) 横床身;(b) 斜床身;(c) 立床身

第四节　进给系统的机械传动结构

一、基本要求

　　数控机床的进给系统必须保证由计算机发出的控制指令转换成速度符合要求的相应角位移或直线位移,带动运动部件运动。根据工件加工的需要,在机床上各运动坐标的数字控制可以是相互独立的,也可以是联动的。总的说来,数控机床对进给系统的要求集中在精度、稳定和快速响应三个方面。为满足这种要求,首先需要高性能的伺服驱动电机,同时也需要高质量的机械结构与之匹配。提高进给系统的机械结构性能主要有如下几个措施。

1. 提高系统机械结构的传动刚度

　　传动刚度高对开环数控进给系统的重要性在于开环进给系统需将计算机控制指令忠实可靠地转换成要求的机械位移。由于开环系统不再有检测元件检查运动部件的实际位移,这种转换精度决定了加工的精度。对于闭环数控进给系统,传动刚度高有利于减小进给运动的超调和振荡,有助于改善系统的动态品质。提高进给系统机械结构传动刚度的措施主要有以下几项。

（1）提高传动元件的刚度

传动元件的变形会导致指令脉冲的丢失或传动系统的不稳定，影响加工精度和质量。

（2）消除传动元件之间的间隙

传动元件之间的间隙会导致运动反向时指令脉冲的丢失或系统运动的不稳定。尽管稳定的系统误差可采取输入补偿脉冲的方法加以补偿，但由于刚度不足和反向间隙造成的误差带有很大的随机性，完全精确补偿是不可能的。

（3）尽可能缩短进给传动运动链的长度

缩短进给传动运动链的长度有助于提高数控机床的传动刚度，然而，进给传动运动链的缩短首先要求伺服电机调速范围和输出转矩能满足加工精度、生产率和快速运动的需要。

（4）采用预紧措施

预加载荷可以消除滚动摩擦传动副的间隙和提高其传动刚度，也可以提高传动元件的刚度。如丝杠可采用两端轴向固定和预拉伸的方法来提高其传动刚度。

2. 采用低而稳定摩擦的传动副

数控机床进给系统多采用刚度高、摩擦系数小而稳定的滚动摩擦副，如滚珠丝杠螺母副、直线滚动导轨等，聚四氟乙烯导轨和静压导轨由于其摩擦系数小、阻尼大，也为数控机床进给传动所采用。

3. 提高传动件精度

高质量的机械传动配合与高性能的伺服电机使现代数控机床进给系统性能有了大幅度提高，随着控制系统分辨率从 0.001 mm 提高到 0.000 1 mm，普通精度级数控机床的定位精度目前已从 ±0.012 mm/300 mm 提高到 ±0.005～±0.008 mm/300 mm，精密级的定位精度已从 ±0.005 mm/全行程提高到 ±0.001 5～±0.003 mm/全行程，重复定位精度也已提高到 ±0.001 mm。

二、典型结构

图 2-21 是立式加工中心 X 和 Y 两坐标进给系统的机械结构

图。伺服电动机 1 与滚珠丝杠 3 通过联轴器 2 直联直接驱动工作台 5。直线运动采用滚动导轨,保证运动的精度和动作的灵敏度。伺服电机与丝杠直联的进给系统机械结构最为简单。采用这种结构时,编码器往往安装在伺服电机轴上,成为一个整体单元,安装和调试均比较方便。数控系统协调两个运动坐标的位移和速度完成平面轮廓的切削。

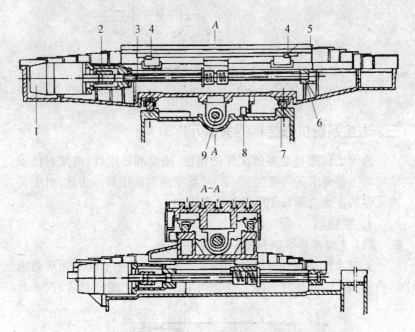

图 2 - 21　伺服电机与丝杠直联的进给系统机械结构图
1—伺服电动机;2—联轴器;3—滚珠丝杠;4—限位开关;
5—工作台;6—轴承;7—导轨;8—磁尺;9—螺母

图 2 - 22 为数控机床进给系统的机械结构图。伺服电动机 5 通过同步齿形带 3 和滚珠丝杠 4 相连。编码器 1 固定在滚珠丝杠的右端将工作台的实际位移信号反馈给控制系统,属于半闭环控制。同步带连接方式隔离了电动机的振动和发热,使电动机安装位置更加机动,但机械结构环节增加了。

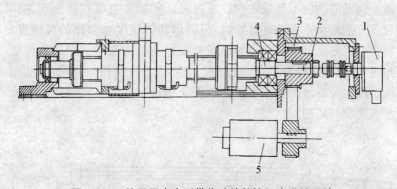

图 2－22　使用同步齿形带传动的数控机床进给系统

1—脉冲编码器；2—同步齿形带轮；3—同步齿形带；4—滚珠丝杠；5—伺服电动机

三、进给系统机械结构的关键元件

为保证伺服进给系统工作的精度、刚度和稳定性，系统对机械结构的主要要求是高精度、高刚度、低摩擦和低惯量。为此，对于关键元件的正确选择和使用是至关重要的。

1. 联轴器

（1）无键弹性环联轴器

无键弹性环联轴器结构如图 2－23 所示。主动轴 1 和从动轴 3，分别插入轴套 6 的两端。轴套和主、从动轴之间装有成对（一对

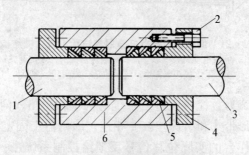

图 2－23　无键弹性环联轴器

1—主动轴；2—螺钉；3—从动轴；
4—压盖；5—弹性环；6—轴套

或数对)布置的弹性环 5,弹性环的内外锥面互相贴合,通过压盖 4 轴向压紧,使内、外锥形环互相楔紧,使内环内径变小箍紧轴,外环外径变大撑紧轴套,消除间隙并将主、从动轴与轴套连成一体,依靠摩擦传递转矩。

弹性环联结的优点为定心好,承载能力高,没有应力集中源,装拆方便,又有密封和保护作用,是目前在数控机床进给系统中常用的联轴器。无键弹性环联轴器是根据传递功率和轴径选定。

(2) 套筒式联轴器

套筒式联轴器结构如图 2-24 所示。它通过套筒将主、从动轴直接刚性连接,结构简单,尺寸小,转动惯量小。但要求主、从动轴之间同轴度高。图 2-24c 使用十字滑块 9,接头槽口通过配研消除间隙。这种结构可以消除主、从轴间的同轴度误差的影响,在精密传动中应用较多。负载较小的传动可采用图 2-24a 和 b 所示的结构。

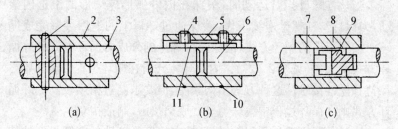

图 2-24 套筒式联轴器

1—销;2、5、8—套筒;3、6—传动轴;4—螺钉;7—上动轴;
9—十字滑块;10—防松螺钉;11—键

2. 同步皮带

数控机床进给系统最常用的同步带结构如图 2-25 所示。其工作面有梯形齿和圆弧齿两种,其中梯形齿同步带最为常用。

同步带传动综合了带传动和链传动的优点,运动平稳,吸振好,噪声小。缺点是对中心距要求高,带和带轮制造工艺复杂,安装要求高。

3. 滚珠丝杠螺母副

图 2-26 为滚珠丝杠螺母副结构原理图。其结构的主要特点是

在丝杠和螺母的圆弧螺旋槽之间装有滚珠作为传动元件,因而摩擦系数小,传动效率可达 90%～95%,动、静摩擦系数相差小,在施加预紧后,轴向刚度好,传动平稳,无间隙,不易产生爬行,随动精度和定位精度都较高,是目前数控机床进给系统最常用的机械结构之一。

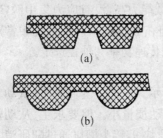

图 2－25　同步皮带结构
（a）梯形齿同步带；(b)圆弧齿同步带

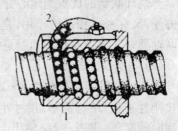

图 2－26　滚珠丝杠螺母副
结构原理图
1—内滚道；2—外滚道

当丝杠螺母相对运动时,滚珠在内外弧形螺纹形的滚道内滚动,为保持丝杠螺母连续工作,滚珠通过螺母上的返回装置完成循环。按照滚珠的循环方式,滚珠丝杠螺母副分成内循环方式和外循环方式两大类(见图2－27)。内循环方式指在循环过程中滚珠始终保持和丝杠接触。这种方式结构紧凑,但要求制造精度较高。外循环方式则在循环过程中滚珠与丝杠脱离接触,制造相对容易些。

通过预紧可以消除间隙,保证换向精度是滚珠丝杠螺母副的特点。通常消除间隙的方法是采用双螺母结构。双螺母消除间隙的结构主要有三种形式。

轴向间隙的消除有以下几种方法:

（1）垫片调隙式

如图 2－28 所示,调整垫片厚度可通过改变两个螺母间位移消除传动副的轴向间隙。它的结构简单、可靠性好、刚度高、装卸方便,但调整比较困难。

（2）螺纹调隙式

如图 2－29 所示,通过转动螺母改变两个螺母间位移来消除传

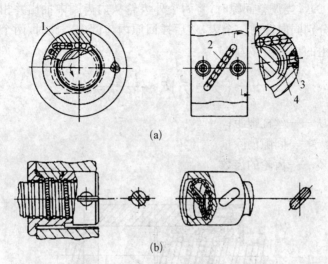

(a)

(b)

图 2 - 27 滚珠丝杠螺母副循环方式

（a）外循环方式；（b）内循环方式

1—切向孔；2—回珠槽；3—螺钉；4—挡珠器

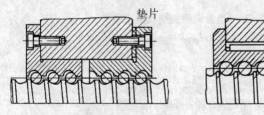

图 2 - 28 垫片调隙式结构原理图　　**图 2 - 29 螺纹调隙结构原理图**

动副的轴向间隙。它的优点是调整方便,在出现磨损后还可以随时进行补充调整。其缺点是轴向尺寸较长,会增加丝杠螺纹部分的长度。

（3）齿差调隙式

如图 2 - 30 所示,在两个螺母 1、5 的端面法兰上分别加工出外齿 Z_1 和 Z_2,并各自装入对应的内齿圈 6 中。内齿圈通过螺钉固定在螺母外的套筒 3 端面。通常两个外齿轮相差 1 齿（如 $Z_1 = 100$,

$Z_2 = 99$)。当调整间隙时,将两个外齿轮从内齿圈中抽出并相对内齿圈分别同向转动一个齿,然后插回原内齿圈中。此时,两个螺母间产生的相对位移为:

$$S = \left(\frac{1}{Z_1} - \frac{1}{Z_2}\right)P = \frac{P(Z_2 - Z_1)}{Z_1 Z_2} \qquad (2-1)$$

式中,P——丝杠螺距;

S——间隙消除量;

Z_1、Z_2——齿轮的齿数。

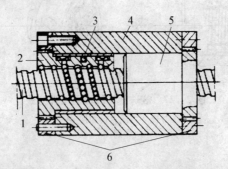

图 2-30 齿差调隙式结构原理图

1—丝杠;2、5—螺母;3—滚珠;4—套筒;6—内齿圈

例如:当 $P = 10$ mm 时,$Z_1 = 100$,$Z_2 = 99$,间隙的调整量为 0.001 mm。由此可见,此方法可实现精密微调,预紧可靠,不会发生松动。虽然结构复杂,但仍然得到广泛应用。

4. 导轨副

导轨副约束执行部件运动,保证其正确运动轨迹,对伺服进给系统的工作性能有重要影响。数控机床伺服进给系统导轨主要是直线型的。回转型导轨在加工中心的回转工作台上也有应用,其工作原理和特点与直线型导轨是相同的。

滚动摩擦导轨具有摩擦系数小,动静摩擦系数差别小,启动阻力小,能微量准确移动,低速运动平稳,无爬行,因而运动灵活,定位精度高,通过预紧可以提高刚度和抗振性,承受较大的冲击和振动,寿命长。与静压导轨相比,其结构简单,保养方便,是适合数控机床进给系统应用比较理想的导轨元件。

(1)滚动直线导轨

图 2-31 是这种结构的示意图。它是一种滚动体为滚珠的单元式标准结构导轨元件,相对运动表面经研磨成四列圆弧沟槽,滚珠锁定在保持架上,通过合成树脂的端面挡块(图中未画出)实现顺畅地循环滚动。

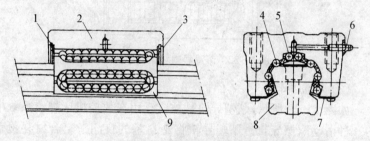

图 2-31 滚动直线导轨结构示意图

1—压紧圈;2—支承块;3—密封板;4—承载钢珠列;5—反向钢珠列;
6—加油嘴;7—侧板;8—导轨;9—保持器

导轨沟槽圆弧的曲率为滚动体的 $52\% \sim 53\%$,因而滚珠在负荷方向为两点接触,即使制造有误差仍能保持滚珠灵活转动,而且由于两者直径相差不大,接触应力小,运动约束好。单元式滚动直线导轨在制造时已消除了间隙,因而刚度和精度都较高。滚动直线导轨在装配平面上采用整体安装的方法,因而即使安装平面有些偏差,也能因自身变形的矫正而保证滚珠仍然能顺畅地滚动。

(2)滚动导轨块

滚动导轨块是一种圆柱滚动体的标准结构导轨元件。图 2-32 是这种结构的示意图。滚动导轨块安装在运动部件上,工作时滚动体在导轨块和支承件导轨平面(不动件)之间运动,在导轨块内部实现循环。滚动导轨块刚度高、承载能力强、便于拆卸,它的行程取决于支承件导轨平面的长度。但该类导轨制造成本高,抗振性能欠佳。

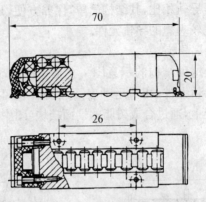

图 2 - 32　滚动导轨块结构示意图

（3）贴塑导轨

如图 2 - 33 所示,贴塑导轨是被广泛用在数控机床进给系统中的一种滑动摩擦导轨。贴塑导轨将塑料基的自润滑复合材料覆盖并粘贴于滑动部件的导轨上,与铸铁或镶钢的床身导轨配用,可改变原机床导轨的摩擦状态。目前,使用较普遍的自润滑复合材料是填充聚四氟乙烯软带。与滑动摩擦导轨相比,它的摩擦系数小,动、静摩擦系数差小,低速无爬行,吸振,耐磨,抗撕伤能力强,成本低,粘结工艺简单,加工性和化学稳定性好,并有良好的自润滑性和抗振性,可在干摩擦状态下工作。

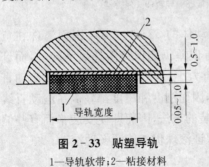

图 2 - 33　贴塑导轨

1—导轨软带;2—粘接材料

第五节　数控机床的自动换刀装置

数控机床为了能在工件一次装夹中完成多种甚至所有加工工序,以缩短辅助时间和减少多次安装工件所引起的误差,必须带有自动换刀装置。对自动换刀装置的基本要求是:换刀时间短,刀具重复定位精度高,有足够的刀具存储量,刀库占地面积小且安全可靠。数控机床的自动换刀装置的结构取决于机床的形式、工艺范围及其刀具的种类和数量。其基本类型有以下几种。

一、回转刀架换刀装置

数控车床上使用的回转刀架是一种最简单的自动换刀装置。根据不同加工对象,可以设计成四工位(四方)、六工位、八工位以及十二工位等更多工位刀架的形式,在回转刀架上按不同工位可安装不同数量与形式的刀具,并按数控系统的指令换刀,完成各工序的切削加工。回转刀架在结构上必须具有良好的强度和刚度,以承受粗加工时的切削抗力。由于车削加工精度在很大程度上取决于刀尖位置,对于数控车床来说,加工过程中刀尖位置不进行人工调整,因此,有必要选择可靠的定位方案和合理的定位结构,以保证回转刀架在每次转位之后,具有尽可能高的重复定位精度(一般为0.005~0.01 mm)。目前,回转刀架的类型较多,图 2 - 34 所示为数控车床上广泛采用的卧式回转刀架。

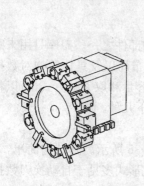

图 2 - 34 卧式回转刀架

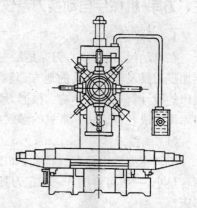

图 2 - 35 带主轴转塔头的数控机床

二、多主轴转塔头换刀装置

在带有旋转刀具的数控钻镗铣床上,通过多主轴转塔头来换刀是一种比较简单的换刀方式。这种机床的主轴转塔头就是一个转塔刀库,转塔头有卧式和立式两种。如图 2-35 所示为数控转塔式镗铣床的外观图,八方形转塔头上装有八根主轴,每根主轴上装有一把刀具。根据工序的要求,按顺序自动地将装有所需要的刀具主轴转到工作位置,实现自动换刀,同时接通主传动。不处在工作位置的主轴便与主传动脱开。转塔头的转位(即换刀)由槽轮机构来实现,每次换刀包括转塔头脱开主轴传动、转塔头抬起、转塔头转位和转塔头定位压紧等步骤。最后主轴传动重新接通,这样完成了转塔头转位、定位动作的全过程。

这种自动换刀装置储存刀具的数量较少,适用于加工较简单的工件。其优点是结构简单,省去了自动松夹、卸刀、装刀、夹紧以及刀具搬运等一系列复杂的操作,从而提高了换刀的可靠性,并显著地缩短了换刀时间。但由于空间位置的限制,主轴部件的结构不可能设计得十分坚实,因而影响了主轴系统的刚度。它适用于工序较少,精度要求不太高的数控钻、镗、铣床等。

三、刀库-机械手自动换刀系统

1. 刀库的形式

在自动换刀装置中,刀库是最主要的部件之一。刀库是用来贮存加工刀具及辅助工具的地方,其容量、布局以及具体结构对数控机床的设计都有很大影响。根据刀库的容量和取刀的方式,可以将刀库设计成各种形式。常见的形式有如下几种。

(1)线型刀库

刀具在刀库中呈直线排列,如图 2-36 所示。其结构简单,刀库容量小,一般可容纳 8~12 把刀具。此形式多见于自动换刀数控车床。

(2)链式刀库

这种刀库刀座固定在环形链节上。如图 2-37a 所示为常用的单环链式刀库。图 2-37b 所示为多环链式刀库,链条折叠回绕,增加存刀量。链式刀库结构紧凑,刀库容量大,链环的形状可根据机床的布局制成各种形状,同时也可以将换刀位突出以便于换刀。在一定范围内,需要增加刀具数量时,可增加链条的长度,而不增加链轮直径。当刀具数量在 30～120 把时,多采用链式刀库。

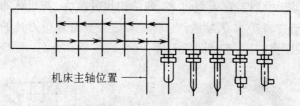

机床主轴位置 →

图 2－36　线型刀库

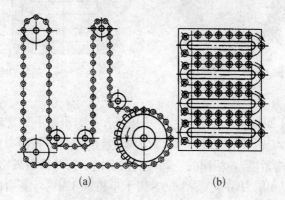

(a)　　　　　　　　　(b)

图 2－37　链式刀库

(a) 单环链式;(b) 多环链式

　　刀库的选刀方式有顺序方式和任选方式两种。顺序选刀方式是按照加工工序依次将所用刀具放入刀库刀座内,顺序不能搞错,否则将造成事故,并且改变加工工件时,必须重新排列刀库中的刀具,因而操作较费事。它与任选方式比较,刀库中刀具的利用率相对较低,但它不需要刀具识别装置,刀库的驱动、控制也比较简单。任意选刀方式对每一把刀具要求有刀具识别装置,其方法分别有刀座编码方式、刀具编码方式和计算机记忆方式。如刀具编码方式是直接在刀具上编码,由编码识别装置来识别刀具进行选刀,刀具可放入刀库中任何一个刀座,不存在插放刀具失误的问题,操作较方便,但增加了系统结构的复杂性。

（3）圆盘刀库

这是最常用的一种形式,种类很多。如图2-38所示其存刀量最多为50～60把,存刀量过多,则结构尺寸庞大,与机床布局不协调。为进一步扩大存刀量,有的机床使用多圈分布刀具的圆盘刀库、多层圆盘刀库、多排圆盘刀库。

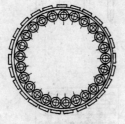

图2-38　圆盘刀库

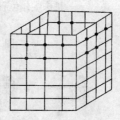

图2-39　箱型刀库

（4）箱型刀库

如图2-39所示,为减少换刀时间,换刀机械手通常利用前一把刀具加工工件的时间,预先取出要更换的刀具。箱型刀库占地面积小,结构紧凑,在相同的空间内可以容纳的刀具数目较多,但由于它的选刀和取刀动作复杂,较少用于单机加工中心,多用于柔性制造系统中的集中供刀系统。

2. 刀具交换方式

数控机床的自动换刀装置中,由刀具交换装置实现刀库与机床主轴之间传递和装卸刀具。刀具的交换方式和结构对机床的生产率、工作可靠性都有着直接的影响。刀具的交换方式可分为以下两大类。

（1）利用刀库与机床主轴的相对运动实现刀具交换

用这种形式交换刀具时,首先必须将用过的刀具送回刀库,然后再从刀库中取出新刀具,这两个动作不可能同时进行,因此换刀时间较长。

图2-40所示的数控立式镗铣床就是采用这类刀具交换方式

的实例。它的刀库安放在机床工作台的一端,当某一把刀具加工完毕从工件上退出后,即开始换刀。

其刀具交换过程如下:

1) 按照指令,机床工作台快速向右移动,将工件从主轴下面移开,同时将刀库移到主轴下面,使刀库的某个空刀座恰好对准主轴。

2) 主轴箱下降,将主轴上用过的刀具放回刀库的刀座中。

3) 主轴箱上升,接着刀库回转,将下一工步需用的刀具对准主轴。

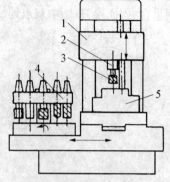

图 2 - 40 刀库与机床为整体式数控机床

1—横梁;2—主轴;3—刀具;
4—刀库;5—工件

4) 主轴箱下降,将下一工步所需的刀具插入机床主轴。

5) 主轴箱及主轴带着刀具上升。

6) 机床工作台快速向左返回,将刀库从主轴下面移开,同时将工件移至主轴下面,使主轴上的刀具对准工件的加工面。

这种自动换刀装置只有一个刀库,不需要其他装置,结构极为简单,然而换刀过程却较为复杂。它的选刀和换刀由三个坐标轴的数控定位系统来完成,因而每交换一次刀具,工作台和主轴箱就必须沿着三个坐标轴做两次往复运动,因而增加了换刀时间。另外,由于刀库置于工作台上,因而减少了工作台的有效使用面积。

(2) 机械手换刀

由机械手实现换刀,具有很大的灵活性,选刀和换刀两个动作可同时进行。在各种类型的机械手中,双臂机械手应用最为广泛。

双臂机械手中最常见的几种结构形式,如图 2 - 41 所示。这几种机械手能够完成抓刀、拔刀、换刀、插刀以及复位等全部动作。为了防止刀具掉落,各机械手的活动爪都必须带有自锁结构。图 2 - 41a~c 的双臂回转机械手动作比较简单,而且能够同时抓取和装卸机床主轴和刀库中的刀具,因此换刀时间可以进一步缩短。图 2 - 41d 所示的双臂回转机械手,虽不是同时抓取主轴和刀库中的刀具,但是换刀准备时间及将刀具送回刀库的时间(图中实线所示位置)与机械加工时间重合,因而换刀(图中双点划线所示位置)时间较短。

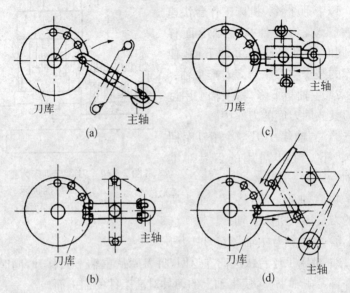

图 2-41 双臂机械手换刀结构

(a) 钩手;(b) 抱手;(c) 伸缩手;(d) 权手

第六节 数控机床的辅助机械装置

一、液压和气动装置

现代数控机床在实现整机的全自动化控制中,除数控系统外,还需要配备液压和气动装置来辅助实现整机的自动运行功能,所用的液压和气动装置应结构紧凑、工作可靠、易于控制和调节。它们的工作原理类似,但适用范围不同。

液压传动装置由于使用工作压力高的油性介质,因此机构出力大,机械结构更紧凑、动作平稳可靠、易于调节和噪声较小,需配置油泵和油箱,及防当油液渗漏时污染环境。

气动装置的气源容易获得,机床可以不必再单独配置动力源,装置结构简单,工作介质不污染环境,工作速度快和动作频率高,适合于完成频繁启动的辅助工作。过载时比较安全,不易发生过载损坏机件等事故。液压和气动装置在数控机床中具有如下辅助功能:

(1)自动换刀所需的动作:如机械手的伸、缩、回转和摆动及刀具的松开和拉紧动作。

(2)机床运动部件的平衡:如机床主轴箱的重力平衡、刀库机械手的平衡装置等。

(3)机床运动部件的制动和离合器的控制、齿轮拨叉挂挡等。

(4)机床的润滑冷却。

(5)机床防护罩、板、门的自动开关。

(6)工作台的松开、夹紧,交换工作台的自动交换动作。

(7)夹具的自动松开、夹紧。

(8)工件、工具定位面和交换工作台的自动吹屑清理定位基准面等。

二、数控回转工作台

回转工作台分为数控回转工作台和分度工作台两种。

1. 数控回转工作台

数控机床的圆周进给由回转工作台完成,称之为数控机床的第四轴。回转工作台可以与 X、Y、Z 三个坐标轴联动,从而加工出各种球、圆弧曲线等。回转工作台可以实现精确的自动分度,这样,就扩大了数控机床可加工的零件的范围。

数控回转工作台主要用于数控镗床和铣床,其外形和通用机床分度工作台几乎一样,但它的驱动是伺服系统的驱动方式,还可以与其他伺服进给轴联动。

图 2-42 所示为自动换刀数控镗铣床的回转工作台。这是一种补偿型的开环数控回转工作台,它的进给、分度转位和定位锁紧都是由给定的指令进行控制的。

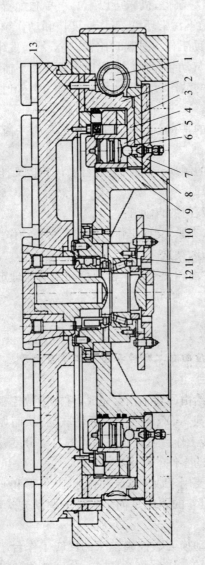

图 2 - 42 回转工作台

1—蜗杆；2—蜗轮；3,4—夹紧瓦；5—液压缸；6—活塞；7—弹簧；8—钢球；9—底座；10—光栅；
11—双列向心圆柱滚子轴承；12—圆锥滚子轴承；13—大型球轴承；

工作台的运动通过电液脉冲马达,经齿轮减速和蜗杆 1 传给蜗轮 2。为了消除蜗杆副的传动间隙,采用了双螺距渐厚蜗杆,通过移动蜗杆的轴向位置来调整间隙。这种蜗杆的左右两侧面具有不同螺距,因此,蜗杆齿厚从头到尾逐渐增厚。但由于同一侧的螺距是相同的,所以仍然可保持正常的啮合。

当工作台静止时,必须处于紧锁状态。为此,在蜗轮底部的辐射方向装有 8 对夹紧瓦 4 和 3,并在底座 9 上均布着同样数量的小液压缸 5。当小液压缸的上腔接通压力油时,活塞 6 便压向钢球 8,撑开夹紧瓦,并夹紧蜗轮 2。在工作台需要回转时,先使小液压缸的上腔接通回油路,在弹簧 7 的作用下,钢球 8 抬起,夹紧瓦将蜗轮松开。

回转工作台的导轨面由大型球轴承 13 支承,并由圆锥滚子轴承 12 及双列向心圆柱滚子轴承 11 保持准确的回转中心。

开环数控系统的回转工作台的定位精度主要取决于蜗杆副的传动精度,因而必须采用高精度的蜗杆副。除此之外,还可以在实际测量工作台静态定位误差之后,确定需要补偿角度的位置和补偿的正负,记忆在补偿回路中,由数控装置进行误差补偿。

回转工作台设有零点,当它做回零运动时,先用挡块碰限位开关,使工作台降速,然后在无触点开关的作用下,使工作台准确地停在零位。数控回转工作台在做任意角度的转位和分度时,由光栅 10 进行读数,因此能够达到较高的分度精度。

2. 分度工作台

分度工作台只能完成分度运动,不能实现圆周进给,它是按照数控系统的指令,在需要分度时将工作台连同工件回转一定的角度。分度时也可以采用手动分度。分度工作台一般只能回转规定的角度(如 90°、60°和 45°等)。如图 2 - 43 所示为定位销式分度工作台。分度工作台 2 置于长方形工作台 11 中间,在不单独使用分度工作台 2 时,两个工作台可以作为一个整体使用。分度工作台 2 的底部均匀分布着八个定位销 8,在工作台底座 12 上有一定位孔衬套 7 以及供定位销移动的环形槽。由于定位销之间的分布角度为

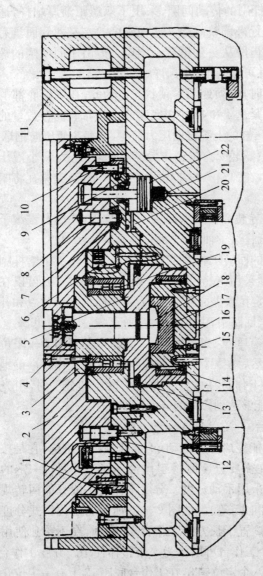

图 2-43 定位销式分度工作台

1—挡块；2—分度工作台；3—锥套；4—螺钉；5—支座；6—液压缸；7—定位孔衬套；8—定位销；9—锁紧液压缸；
10—大齿轮；11—长方形工作台；12—工作台底座；13—止推轴承；14—滚针轴承；15—管道；16—中央油缸；17—活
塞；18—螺柱；19—双列圆柱滚子轴承；20—下底座；21—弹簧；22—活塞拉杆

45°，因此工作台只能作二、四、八等分的分度运动。定位销式分度工作台的分度精度主要由定位销和定位孔的尺寸精度及坐标精度决定，最高可达±5″。为了适应大多数零件的加工要求，应当尽可能提高最常用的180°分度销孔的坐标精度，而其他角度（如45°、90°和135°）可以适当降低。

三、排屑装置

由于数控机床是一种高效自动机床，切削时间长，效率高，如果切屑堆积问题不能得到妥善解决，自动加工便不能正常进行。排屑装置是一种独立的功能附件，它的功能、可靠性和自动化程度随数控机床的发展而提高。总的来讲，排屑功能的实现要解决两个问题，即首先要将切屑从切削区分离，进入排屑装置；然后，利用排屑装置将切屑排出加工区。

1. 切削区排屑方法

切削区排屑的实现要充分利用机床已有的运动和本身的条件。常用的方法有：

（1）斜置床面，利用重力使切屑自动掉入排屑槽中，如在数控车床中。

（2）利用大流量冷却液冲刷，强迫切屑冲离切削区进入排屑槽内，如在数控加工中心利用大流量冷却液可以将切屑冲离刀具、夹具和工作台，使之掉入台面两侧的槽中。

（3）利用压缩空气吹扫，使切屑掉入排屑槽中。

2. 常见排屑装置

（1）平板链式排屑装置

如图2-44a所示，利用链板1使切屑在箱式封闭槽中运动，直到出屑口。这种装置能适合各种形状的切屑，各类机床都能用。在车床上还能和冷却液回收箱结合，以简化机床结构。

（2）刮板式排屑装置

如图2-44b所示，原理及结构与平板链式排屑装置很相似，采用刮板2运送切屑，适合各种短切屑，排屑能力强，但因负载较大需

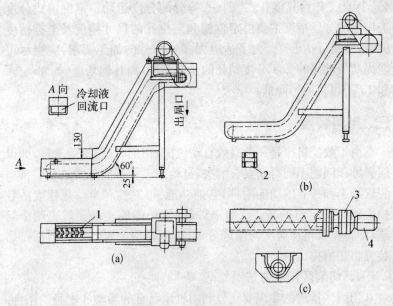

图 2 - 44　排屑装置示意图

(a) 平板链式；(b) 刮板式；(c) 螺旋式
1—链板；2—刮板；3—减速器；4—电动机

采用大功率电动机。

（3）螺旋式排屑装置

如图 2-44c 所示，电动机 4 通过减速器 3 带动螺旋杆旋转，从
而推动切屑移动至出屑口。这种装置排屑性能好，结构简单，占用
空间小，适合于装在空间窄小的位置上，但只能水平运送，不适合垂
直提升排屑。

四、高速动力卡盘

高速动力卡盘一般只用于数控车床，在金属切削加工中，为
了提高数控车床的生产效率，对其主轴转数提出越来越高的要
求，以实现高速，甚至超高速切削。现在数控车床的最高转速已
由 1 000～2 000 r/min，提高到每分钟数千转，有的数控车床已达到

10 000 r/min。对于这么高的转速,一般的卡盘已不适用。而必须采用高速动力卡盘才能保证安全可靠地工作。早在 20 世纪 70 年代末期,德国福尔卡特(For-Kardt)公司就研制了世界上转速最高的 KGF 型高速动力卡盘,其试验速度达到了 10 000 r/min,实用的转速为 8 000 r/min。

随着卡盘转速的增加,由卡爪、滑座和紧固螺钉组成的卡爪组件离心力增加,所以造成卡爪对零件的夹紧力下降。试验表明:ϕ380 mm 的楔式动力卡盘在转速为 2 000 r/min 时,动态夹紧力只有静态的 1/4。

增大动态夹紧力有如下几种途径:一是加大静态夹紧力,但这会消耗更多的能源和因为夹紧力过大造成零件变形;二是减轻卡爪组件重量,以减少离心力,为此常用斜齿条式结构;三是增加离心力补偿装置,利用补偿装置来抵消卡爪组件离心力造成的夹紧力损失。

五、对刀仪

在进行数控机床工艺技术准备时,事先按工艺要求进行刀具准备,在一台小型测量装置上(对刀仪),测量出数控机床所需刀具的有关几何尺寸。这些参数随刀具装到加工机床上时提供给操作者,操作者根据这些参数直接修改数控系统中有关的程序内容和补偿参数(刀具长度及半径的补偿),就可以直接加工零件,这种装置通常称之为对刀仪(或刀具预调仪)。

1. 对刀仪基本组成

(1)刀柄定位机构

刀柄定位的基准是测量基准,所以有很高的精度要求,一般都要和机床主轴定位基准的要求接近,这样才能使测量数据接近在机床上使用的实际情况。

(2)测头部分

有接触式测量与非接触式测量。接触式测量用百分表(或扭簧仪)直接测刀齿最高点,这种测量方式精度可达 0.002~0.01 mm,

它比较直观,但容易损伤表面和切削刀的刃部。非接触式测量用得较多的是投影光屏,投影物镜放大倍数有 8、10、15 倍和 30 倍等。由于光屏的质量、测量技巧、视觉误差等因素,其测量精度在0.005 mm 左右,这种测量不太直观,但可以综合检查刀刃质量。

(3) Z、X 轴尺寸测量机构

通过带测头部分两个坐标轴移动,测得 Z 轴和 X 轴尺寸,即为刀具的轴向尺寸和半径尺寸。两轴使用的实测元件有许多种,机械式的有游标刻度线尺;电测量有光栅数显、感应同步器数显和磁尺数量等。

(4) 测量数据处理装置

由于柔性制造技术的发展,对数控机床用刀具的测试数据也需要进行有效的管理,因此,在对刀仪上再配置计算机及附属装置,它可以存储、输出、打印刀具预调数据。

常见的对刀仪有:机械检测对刀仪、光屏检测对刀仪和综合对刀仪。

2. 对刀仪的使用

(1) 使用方法

应该注意的是测量时都应该用一个对刀心轴对对刀仪的 Z 轴、X 轴进行定标和定零位。而这根对刀心轴又应该在所使用的数控机床主轴上测量过其误差,这样测量出的刀具尺寸能消除两个主轴之间的系统误差。

(2) 影响刀具测量的一些误差因素

1) 静态测量和动态加工的误差影响:刀具在静态下测量其尺寸,而实际使用时是在回转条件下,又受到切削力和振动外力等影响,因此,加工出来的尺寸和预调尺寸不会一致,必然要有一个修正量。如果刀具质量比较稳定,加工情况比较正常,一般轴向尺寸和径向尺寸有 0.01~0.02 mm 的修调量。这应根据机床和工具系统质量,由操作者凭经验修正。

2) 质量影响:刀具的质量和动态刚度将直接影响加工尺寸。

3) 测量技术影响:使用对刀仪技巧欠佳也可能造成 0.01 mm

以上误差。

4) 零点漂移影响：使用电测量系统应注意长期工作时电报警系统零漂移，要定期检查。

5) 仪器精度的影响：目前，普通对刀仪的精度，一般轴向（Z 向）在 $0.01\sim0.02$ mm，径向（X 向）在 0.005 mm 左右。好的对刀仪也可以达 0.002 mm 左右，但好的对刀仪必须有高精度刀具系统来配合。

··[··· 思 考 与 练 习 ···]··

1. 采取哪些措施可以减少数控机床的热变形？
2. 简述总体布局与工件形状、尺寸和质量的关系。
3. 数控机床对进给系统有哪些要求？
4. 进给系统机械结构的关键元件有哪些？
5. 简述滚珠丝杠副轴向间隙消除有哪些方法。
6. 简述滚动直线导轨、滚动导轨块、贴塑导轨各有何特点。
7. 数控机床回转工作台与分度工作台在结构上有何区别？

第**3**章　通用量具使用方法

本章主要介绍了各种数控机床常用量具的使用方法,包括常用的量块、游标卡尺、千分尺、百分表、圆度仪、三维坐标测量机,重点介绍量块、游标卡尺、千分尺的使用方法及使用时的注意事项。

第一节　量块简介

量块的截面为矩形,是一对相互平行测量面间具有准确尺寸的测量器具。如图 3-1 所示。

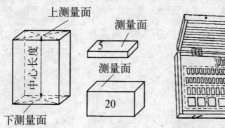

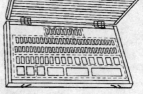

图 3-1　量块

一、量块的主要用途

(1) 检定和校准各种长度测量器具。

(2) 在长度测量中,作为相对测量的标准件。

(3) 用于精密划线和精密机床的调整。

（4）直接用于精密被测件尺寸的检验。

在实际生产中，量块是成套使用的，每套装成一盒，里面有各种不同尺寸的量块。GB/T6093—2001 规定了 17 个套别。

二、量块的使用及尺寸组合

根据使用需要，可把不同长度尺寸的量块研合起来组成量块组，这个量块组的总长度尺寸就等于各组成量块的长度尺寸的总和。组成量块用得越多，累积误差也会越大，所以在使用量块组时，应尽可能减少量块的组合块数，一般不超过 4～5 块。

组合量块组时，为了减少所用量块的数量，应遵循一定的原则来选择量块长度尺寸：

（1）根据需要的量块组尺寸，首先选择能够去除最小位数尺寸的量块。

（2）然后再选择能够依次去除位数较小尺寸的量块，并使选用的量块数目为最少。

例如需组合 69.475 mm 的量块组，当采用第二套或第四套量块时，量块的选择过程如表 3-1。

表 3-1　量块选择程序

选 择 程 序	第 2 套量块	第 4 套量块
1. 量块组的尺寸	69.475 mm	69.475 mm
2. 选用的第一块量块尺寸	1.005 mm	1.005 mm
3. 剩下的尺寸	68.47 mm	68.47 mm
4. 选用的第二块量块尺寸	1.47 mm	1.07 mm
5. 剩下的尺寸	67 mm	67.4 mm
6. 选用的第三块量块尺寸	7 mm	1.4 mm
7. 剩下的尺寸	60 mm	66 mm
8. 选用的第四块量块尺寸	60 mm	6 mm
9. 剩下的即为第五块量块尺寸	0 mm	60 mm

由此可见，采用第二套量块时，可选量块共 4 块；而采用第四套量块时，可选量块共 5 块，因此应尽可能选用第二套量块。

第二节　游标卡尺简介

一、游标卡尺的结构与工作原理

☞　　游标卡尺是利用游标原理对两测量面相对移动分隔的距离进行读数的测量器具。游标卡尺与千分尺、百分表都是最常用的长度测量器具。

　　游标卡尺的结构如图 3－2 所示。游标卡尺的主体是一个刻有刻度的尺身,沿着尺身滑动的尺框上装有游标。游标卡尺可以测量工件的内尺寸、外尺寸(如长度、宽度、厚度、内径和外径)、孔距、高度和深度等。优点是使用方便、用途广泛、测量范围大、结构简单和价格低廉等。

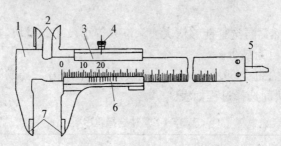

图 3－2　游标卡尺

1—尺身;2—内量爪;3—尺框;4—紧固螺钉;
5—深度尺;6—游标;7—外量爪

二、游标卡尺的读数方法

　　游标卡尺的读数值有 3 种:0.1 mm、0.05 mm、0.02 mm,其中 0.02 mm 的卡尺应用最普遍。下面介绍 0.02 mm 游标卡尺的读数方法。

　　(1) 先读整数看游标零线的左边,尺身上最靠近的一条刻线的数值,读出被测尺寸的整数部分。

　　(2) 再读小数看游标零线的右边,数出游标第几条刻线与尺身刻线对齐,读出被测尺寸的小数部分。

(3) 得出被测尺寸把上面两次读数的整数部分和小数部分相加,就是所测尺寸。

从图 3-3 示例中可以读出测量值,读数的整数部分是 133 mm;游标的第 11 条线(不计 0 刻线)与尺身刻线对齐,所以读数的小数部分是 $0.02 \times 11 =$ 0.22 mm,被测工件尺寸为 133 + 0.22 = 133.22 mm。

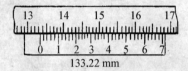

133.22 mm

图 3-3　游标卡尺读数示例

三、游标卡尺使用注意事项

(1) 游标卡尺使用前要进行检验,若卡尺出现问题,势必影响测量结果,甚至造成整批工件的报废。首先要检查外观,要保证无锈蚀、无伤痕和无毛刺,要保证清洁。

(2) 检查零线是否对齐,将卡尺的两个量爪合拢,看是否有漏光现象。如果贴合不严,需进行修理。若贴合严密,再检查零位,看游标零位是否与尺身零线对齐,游标的尾刻线是否与尺身的相应刻线对齐。另外,检查游标在主尺上滑动是否平稳、灵活,不要太紧或太松。

(3) 读数时,要看准游标的哪条刻线与尺身刻线正好对齐。如果游标上没有一条刻线与尺身刻线完全对齐,可找出对得比较齐的那条刻线作为游标的读数。

(4) 测量时,要平着拿卡尺,朝着光亮的方向,使量爪轻轻接触零件表面。量爪位置要摆正,视线要垂直于所读的刻线,防止读数误差。

(5) 使用后,应将游标卡尺擦拭干净,平放在专用盒内,尤其是大尺寸游标卡尺。注意防锈、主尺弯曲变形。

第三节　外径千分尺简介

一、外径千分尺的结构和工作原理

千分尺类测量器具是利用螺旋副运动原理进行测量和读数的,

按用途可分为外径千分尺、内径千分尺、深度千分尺等。外径千分尺的结构如图 3-4 所示。

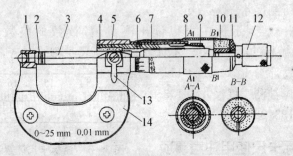

图 3-4 外径千分尺

1—尺架；2—测砧；3—测微螺杆；4—导套；5—螺纹轴套；6—紧固螺钉；7—固定套管；8—微分筒；9—调节螺母；10—接头；11—垫片；12—测力装置；13—锁紧装置；14—隔热装置

外径千分尺使用普遍，是一种体积小、坚固耐用、测量准确度较高、调整容易的一种精密测量器具，可以测量工件的各种外形尺寸，如长度、厚度、外径以及凸肩厚度、板厚或壁厚等。外径千分尺分度值一般为 0.01 mm，测量精度可达百分之一毫米。

二、外径千分尺的读数方法

（1）先读整数微分筒的边缘（锥面的端面）作为整数毫米的读数指示线，在固定套管上读出整数。固定套管上露出来的刻线数值，就是被测尺寸的毫米整数和半毫米数。如果微分筒的端面与固定套管的上刻度线之间无下刻度线，测量结果即为上刻度线的数值加可动刻度的值；如微分筒端面与上刻度线之间有一条下刻度线，测量结果应为上刻度线的数值加上 0.5 毫米，再加上可动刻度的值。

（2）再读小数固定套管上的纵刻线作为不足半毫米小数部分的读数指示线，在微分筒上找到与固定套管纵刻线对齐的圆锥面刻线，将此刻线的序号乘以 0.01 mm，就是小于 0.5 mm 的小数部分的读数。

（3）得出被测尺寸把上面两次读数相加，就是被测尺寸。

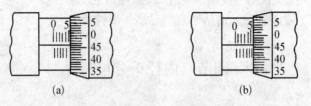

（a）　　　　　　　　　　　（b）

图 3 - 5　外径千分尺读数示例

图 3 - 5 中：

1）读数结果 5.46 mm，读数的整数部分是 5 mm，所读的小数部分为 $46 \times 0.01 = 0.46$ mm，被测工件的尺寸为 $5 + 0.46 = 5.46$ mm。

2）读数结果 5.96 mm，读数的整数部分是 5 mm，所读的小数部分为 $46 \times 0.01 = 0.46$ mm，被测工件的尺寸为 $5 + 0.5 + 0.46 = 5.46$ mm（微分筒端面与上刻度线之间有一条下刻度线，测量结果应为上刻度线的数值加上 0.5 毫米，再加上可动刻度的值）。

三、外径千分尺的使用注意事项

（1）减少温度的影响，使用千分尺时，要用手握住隔热装置。若用手直接拿着尺架去测量工件，会引起测量尺寸的改变。

（2）保持测力恒定测量时，当两个测量面将要接触被测表面时，就不要再旋转微分筒，只旋转测力装置的转帽，等到棘轮发出"咔、咔"响声后，再进行读数。不允许猛力转动测力装置。退尺时，要旋转微分筒，不要旋转测力装置，以防拧松测力装置，影响零位。

（3）注意操作方法测量较大工件时，最好把工件放在 V 形块或平台上，左手拿住尺架的隔热装置，右手用两指旋转测力装置的转帽。测量小工件时，先把千分尺调整到稍大于被测工件尺寸之后，用左手拿住工件，用右手的小指和无名指夹住尺架，食指和拇指旋转测力装置或微分筒。

（4）减少磨损和变形不允许测量带有研磨剂的表面、粗糙表面和带毛刺的边缘表面等。当测量面接触被测表面之后,不允许用力转动微分筒,否则会使测微螺杆、尺架等发生变形。

（5）应经常保持清洁,轻拿轻放,不要摔碰。

第四节　内径千分尺简介

一、内径千分尺的结构

如图 3-6 所示,内径千分尺由测微头(或称微分头)和各种尺寸的接长杆组成。

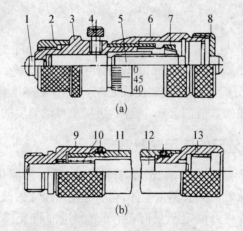

图 3-6　内径千分尺

1—固定测头；2—螺母；3—固定套管；4—锁紧装置；5—测微螺杆；6—微分筒；7—调节螺母；8—后盖脑；9—管接头；10—弹簧；11—套管；12—量杆；13—管接头

二、内径千分尺使用方法

（1）校对零位在使用内径千分尺之前,也要像外径千分尺那样进行各方面的检查。在检查零位时,要把测微头放在校对卡板两个测量面之间,若与校对卡板的实际尺寸相符,说明零位"准确"。

（2）测量孔径先将内径千分尺调整到比被测孔径略小一点，然后把它放进被测孔内，左手拿住固定套管或接长杆套管，把固定测头轻轻地压在被测孔壁上不动，然后用右手慢慢转动微分筒，同时还要让活动测头沿着被测件的孔壁，在轴向和圆周方向上细心地摆动，直到在轴向找出最大值为止，得出准确的测量结果。

（3）测量两平行平面间距离测量方法与测量孔径时大致相同，一边转动微分筒，一边使活动测头在被测面的上、下、左、右摆动，找出最小值，即被测平面间的最短距离。

（4）正确使用接长杆的数量越少越好，可减少累积误差。把最长的先接上测微头，最短的接在最后。

（5）其他注意问题不允许把内径千分尺用力压进被测件内，以避免过早磨损，同时避免接长杆弯曲变形。

第五节　深度千分尺简介

一、深度千分尺的结构

深度千分尺如图 3-7 所示。其结构与外径千分尺相似，只是用底板 1 代替尺架和测砧。深度千分尺的测微螺杆移动量是 25 mm，使用可换式测量杆，测量范围为 25～50 mm、50～75 mm、75～100 mm 等。

二、深度千分尺使用方法

使用方法与前面介绍的几种千分尺使用方法类似。测量时，测量杆的轴线应与被测面保持垂直。测量孔的深度时，由于看不到里面，所以用尺要格外小心。

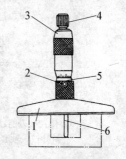

图 3-7　深度千分尺

1—底板；2—锁紧装置；
3—微分筒；4—测力装置；
5—固定套筒；6—测量杆

第六节 百分表简介

一、百分表结构与工作原理

百分表的应用非常普遍,其结构如图3-8所示。在测量过程中,测头9的微小移动,经过百分表内的一套传动机构而转变成主指针6的转动,可在表盘3上读出被测数值。测头9拧在量杆8的下端,量杆移动1 mm时,主指针6在表盘上正好转一圈。由于表盘上均匀刻有100个格,因此表盘的每一小格表示1/100 mm,即0.01 mm,这就是百分表的分度值。主指针6转动一圈的同时,在转数指示盘4上的转数指针5转动1格(共有10个等分格),所以转数指示盘4的分度值是1 mm。

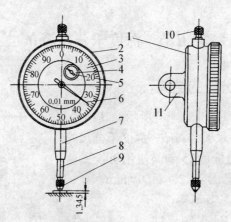

图3-8 百分表

1—表体;2—表圈;3—表盘;4—转数指示盘;5—转数指针;6—主指针;7—轴套;8—量杆;9—测头;10—挡帽;11—耳环

旋转表圈2时,表盘3也随着一起转动,可使指针6对准表盘上的任何一条刻线。量杆8的上端有个挡帽10,对量杆向下移动起限位作用;也可以用它把量杆提起来。

二、百分表使用方法

（1）使用前，要认真检查是否有灰尘和湿气侵入表内。检查量杆的灵敏性，是否移动平稳、灵活，有无卡住等现象。

（2）使用时，必须把它可靠地固定在表座或其他支架上，否则可能摔坏百分表。

（3）百分表既可用作绝对测量，也可用作相对测量。相对测量时，用量块作为标准件，具有较高的测量精度。

（4）测头与被测表面接触时，量杆应有 0.3～1 mm 的压缩量，可提高示值的稳定性，所以要先使主指针转过半圈到一圈左右。当量杆有一定的预压量后，再把百分表紧固住。

（5）为读数的方便，测量前一般把百分表的主指针指到表盘的零位（通过转动表圈，使表盘的零刻线对准主指针），然后再提拉测量杆，重新检查主指针所指零位是否有变化，反复几次直到校准为止。

（6）测量工件时应注意量杆的位置。测量平面时，量杆要与被测表面垂直，否则会产生较大的测量误差。测量圆柱形工件时，量杆的轴线应与工件直径方向一致。

（7）测量时，量杆的行程不要超过它的测量范围，以免损坏表内零件；避免振动、冲击和碰撞。

第七节　圆度仪简介

圆度仪是一种精密测量仪器，其原理是用精密回转轴系上的一个动点（测量装置的触头）在回转中所形成的轨迹（即产生的理想圆）与被测轮廓进行比较以求得圆度误差。

圆度仪有两种形式：转台式和转轴式。转台式圆度仪的测头不动，被测工件随工作台一起回转。测头可以方便地调整到被测工件任意截面进行测量，但受承载能力的限制，只适用于小型零件。转轴式圆度仪在测量过程中工件固定不动，主轴带着传感器和测头一起旋转。这种圆度仪可以测量较大的零件,因为工件的质量对主轴回转精度没有影响,所以性能稳定。转台式圆度仪的结构如图3-9所示。

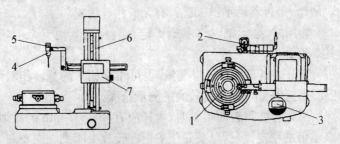

图 3-9　转台式圆度仪

1—工作台;2—空气调节器;3—定位尺;4—触头;
5—测头臂;6—立柱;7—径向调节装置

圆度仪适合于圆形零件径向、轴向形状及位置误差的测量,具有适用范围广、测量效率高、测量结果直观等特点。圆度仪使用半径法可测量圆柱、圆锥孔、轴及球的圆度;使用各种附件可以测量同一测量平面内外圆、凸肩或端面与内外圆柱、圆锥轴线的垂直度等。

第八节　三坐标测量机简介

三坐标测量机是一种高效精密测量仪器,可对复杂三维形状的工件实现快速测量,它是由测头测得被测工件 X、Y、Z 三个坐标值来确定被测点的空间位置,其测量结果可绘制出图形或打印输出。三坐标测量机综合应用了电子技术、计算机技术、精密测量技术和激光干涉技术等先进技术,主要包括测量系统、控制系统、坐标显示系统和数据输出系统等。

三坐标测量机的基本结构主要由机床部分(包括工作台、底座、立柱和支架等)、传感器部分和数据处理系统三大部分组成,如图3-10所示。

三坐标测量机的工作原理主要是通过测头(传感器)接触或不

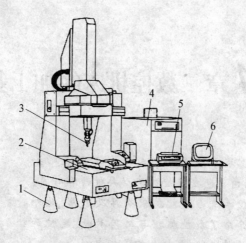

图 3－10 三坐标测量机

1—支架；2—工作台；3—测头；4—控制柜；
5—打印机；6—数据处理计算机

接触工件表面，由计算机进行数据采集，通过运算并与预先存储的理论数据相比较，然后输出测量结果。适用于各种复杂型面的模具、机械零件、箱体、曲面、工夹具等的几何形状尺寸的直角坐标系或极坐标系的孔距、角度、锥度、直线尺寸、形位公差、径向和轴向等机械尺寸的测量。

…[… 思 考 与 练 习 …]…

1. 组合量块组时，为了减少所用量块的数量，应遵循哪些原则来选择量块长度尺寸？

2. 简述游标卡尺的使用方法。

3. 简述外径千分尺的使用方法及读书方法。

4. 圆度仪的工作原理是什么？

5. 简述百分表的使用方法。

第4章 数控机床的加工基础

本章主要介绍数控加工的基础知识,内容包括数控机床刀具材料和种类、数控车床与数控铣床刀具及选用,此外还介绍了数控编程与工艺参数、数控加工工艺过程、数控工艺分析实例。

第一节　刀　具　材　料

数控机床加工工件时,刀具直接担负着对工件的切削加工。刀具材料的耐用度和使用寿命直接影响着工件的加工精度、表面质量和加工成本。合理选用刀具材料不仅可以提高刀具切削加工的精度和效率,而且也是对难加工材料进行切削加工的关键措施。

一、数控机床对刀具的要求

(1) 刀具的尺寸和定位精度高,满足数控机床的加工精度;

(2) 刀具具有良好的断屑功能,使得切削加工过程平稳;

(3) 刀具能够适应数控机床的快速换刀,减少换刀辅助时间;

(4) 数控刀具设计制造要求标准化、模块化。

为保证数控机床的加工精度,提高数控机床的生产率及降低刀具材料的消耗,在选用数控机床刀具时,除满足普通机床应具备的基本条件外,还要考虑在数控机床中刀具工作条件等多方面因素。此外还要求刀具系统有刀具工作状态检测报警装置,以及时更换磨损的刀具,避免产生产品质量事故。

二、数控机床对刀具材料的要求

为便于刀具的加工制造,要求刀具材料具有良好的工艺性能,如刀具材料的锻造、轧制、焊接、切削加工和可磨削性、热处理特性及高温塑性变形性能,对于硬质合金和陶瓷刀具材料还要求有良好的烧结与压力成形的性能。

数控机床的刀具材料自然也满足较高的硬度和耐磨性、足够的强度和韧性、较高的耐热性、较好的导热性、良好的工艺性等要求。

三、刀具材料的种类

刀具材料有合金钢、高速钢、硬质合金、硬质涂层(聚晶金刚体和立方氮化硼等),最常用是高速钢和硬质合金。

1. 高速钢

高速钢是由 W、Cr、Mo 等合金元素组成的合金工具钢,具有较高的热稳定性,较高的强度和韧性,并有一定的硬度和耐磨性,因而适合于加工有色金属和各种金属材料,又由于高速钢有很好的加工工艺性,适合制造复杂的成形刀具,特别是粉沫冶金高速钢,具有各向异性的力学性能,减少了淬火变形,适合于制造精密与复杂的成形刀具。

表 4-1 高速钢的物理力学性能

类　型	牌　号	硬度 (HRC)	抗弯强度 (MPa)	冲击韧性 (KJ/m²)	高温硬度	
					500℃	600℃
通用高速钢	W18Cr4V	63~66	3 000~3 400	180~320	56	48.8
	W6Mo5Cr4V2	63~66	3 500~4 000	300~400	55~56	47~48
高碳高速钢	CW6Mo5Cr4V2	67~68	3 500	130~260	—	52.1
高钒高速钢	W6Mo5Cr4V3	65~67	3 200	250	—	51.7
含钴高速钢	W6Mo5Cr4V3Co8	66~68	3 000	300		54
超硬高速钢	W2Mo9Cr4VCo8	67~69	2 700~3 800	230~300	—60	—55
	W6Mo5Cr4V2Al	67~69	2 900~3 900	230~300	60	55

2. 硬质合金

硬质合金具有很高的硬度和耐磨性,切削性能比高速钢好,耐用度是高速钢的几倍至数十倍,但冲击韧性较差。由于其切削性能优良,因此被广泛用作刀具材料。

表 4-2　硬质合金的种类

种类	成　　分	ISO标准	应　用　范　围
YT	WC-TiC-Co	P	加工钢、不锈钢和长切屑可锻铸铁
YG	WC-Co	K	加工铸铁、冷硬铸铁、短切屑铸铁、淬火钢和有色金属
YW	WC-TiC-TaC(NbC)Co	M	加工钢、锰钢、合金铸铁、奥氏体不锈钢、可锻铸铁、易切屑钢和耐热钢

第二节　数控车床的刀具

数控机床是一种高精度、高自动化的通用型金属切削机床。所以它使用的刀具就要适合这类机床的加工特点。根据数控机床的发展,数控加工刀具也在不断发展。数控刀具可分为标准刀具和模块化刀具。其中模块化刀具是主要的发展方向。

一、数控车削加工刀具及其选择

数控车床刀具的标准化和模块化不但提高了数控机床的工作效率,而且使得刀具使用非常方便。数控车床的刀具分为刀杆与刀片两部分,在数控车床加工中更换磨损的刀片,只需松开螺钉,将刀片转位,将新的刀刃放于切削位置即可,因此又称这种刀片为可转位刀片。由于可转位刀片的尺寸精度较高,刀片转位固定后一般不需要刀具尺寸补偿或仅需要少量刀片尺寸补偿就能正常使用。

数控车削刀具的夹持部分为方形刀体(加工外表面)或圆柱刀杆(加工内表面)。方形刀体一般采用槽形刀架螺钉紧固方式固定;圆柱刀杆用套筒螺钉紧固方式固定。它们与机床刀盘之间的联结是通过槽形刀架和套筒接杆来联结的。在模块化车削工具系统中，刀盘的联结以齿条式柄体联结为多，而刀头与刀体的联结是"插入快换式系统"（即 BTS 系统；符合 ISO5608—80 标准）。

图 4-1 所示是数控车床中经常使用的一种刀盘结构示意图。刀盘一共有六个刀位，每个刀位上都可以径向装刀，也可以轴向装刀。外圆车刀通常安装在径向，内孔车刀通常安装在轴向，但也可以按需要灵活变通使用。径向装刀时，刀具插入刀盘的方槽中，方槽的高度尺寸略大于刀杆的高度尺寸（两者之间大约有

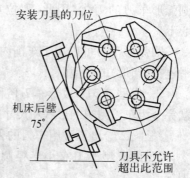

图 4-1　数控车床的刀盘

0.3 mm 的间隙）。旋转刀盘端面的螺钉，即可将刀具的杆部锁紧。轴向装刀时，采用套筒的方式，固定在方槽中。

使用模块化刀具的主要优点有：

（1）减少换刀停机时间，提高生产加工效率；

（2）加快换刀及安装，提高小批量生产的经济性；

（3）提高刀具的标准化和合理化的程度；提高刀具的管理及柔性加工的水平；

（4）扩大刀具的利用率，充分发挥刀具的性能；有效地消除刀具测量工作的中断现象，并可采用线外预调。

二、常用车刀类型和用途

数控车床使用的刀具按切削部分的形状一般分为三类，即尖形车刀、圆弧形车刀和成型车刀，从切削方式上分包括圆表面加工刀具、端面加工刀具和中心孔类加工刀具。

1. 尖形车刀：以直线形切削刃为特征的车刀一般称为尖形车刀。这类车刀的刀尖（同时也为其刀位点）由直线形的主、副切削刃构成，如 90°内外圆车刀，左右端面车刀，切断（车槽）车刀即刀尖倒

棱很小的各种外圆和内孔车刀。

2. 圆弧形车刀：圆弧形车刀的特征是,构成主切削刃的刀刃形状为一圆度误差或纹轮廓误差很小的圆弧;该圆弧刃每一点都是圆弧形车刀的刀尖,因此,刀位点不在圆弧上,而在该圆弧的圆心上。

圆弧形车刀可以用于车削内、外表面;特别适宜于车削各种光滑连接(凹形)的成型面。

3. 成型车刀：成形车刀俗称样板车刀,其加工零件的轮廓形状完全由车刀刀刃的形状和尺寸决定。

图4-2给出了常用车刀的种类、形状和用途。数控车削加工中,常见的成型车刀有小半径圆弧车刀、非矩形车槽刀和螺纹车刀等。

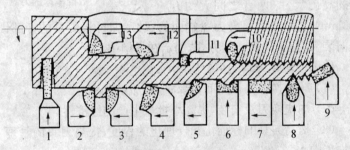

图4-2　常用数控车刀的种类、形状和用途

1—切断刀;2—90°左偏刀;3—90°右偏刀;4—弯头车刀;5—直头车刀;6—成型车刀;7—宽刃精车刀;8—外螺纹车刀;9—端面车刀;10—内螺纹车刀;11—内槽车刀;12—通孔车刀;13—盲孔车刀

为了减少换刀时间和方便对刀,便于实现机械加工的标准化,数控车削加工时,应尽量使用标准的机夹可转位刀具(刀片和刀体都有标准)。

三、刀片材质与选用

数控车刀应用最多的是硬质合金和涂层硬质合金刀片。影响刀片选择最重要的因素有零件的加工精度;工件的材质的软硬、不锈、耐热程度;断屑情况;加工的间断、连续和振动倾向等。数控车削加工时应尽量采用机械夹紧刀片,其目的是为了减少换刀时间和方便对刀,便于实现机械加工的标准化。国际标准把硬质合金刀片材料分为P、K、M三类,分别加工钢、铸铁、合金钢以及其他材料。

四、可转位刀片型号与 ISO 表示规则

可转位刀片型号(代号、标记)由 10 位字母或数字代号组成,任何一种可转位刀片均需用前 7 位代号表示,第 8、9、10 位代号在必要时才使用。

如刀片代号: C N M G 12 04 08 — R PF,从左至右的符号意义为:

C——刀片形状的代码(图 4-3),如代码 C 表示刀尖角为 80°;

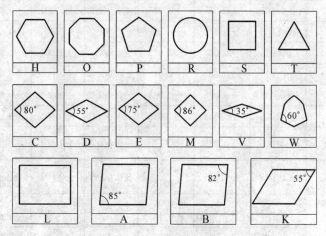

图 4-3　刀片形状代码图

N——主切削刃后角的代码(图 4-4),如代码 N 表示后角为 0°;

M——刀片尺寸公差的代码(表 4-3),如代码 M 表示刀片厚度公差为±0.130;

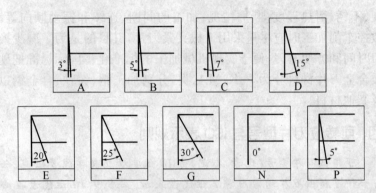

图4-4 主切削刃后角代码

表4-3 刀片尺寸公差代码表

级别符号	公差 (mm)			公差 (in)		
	m	s	d	m	s	d
A	±0.005	±0.025	±0.025	±0.0002	±0.001	±0.0010
F	±0.005	±0.025	±0.013	±0.0002	±0.001	±0.0005
C	±0.013	±0.025	±0.025	±0.0005	±0.001	±0.0010
H	±0.013	±0.025	±0.013	±0.0005	±0.001	±0.0005
E	±0.025	±0.025	±0.025	±0.0010	±0.001	±0.0010
G	±0.025	±0.013	±0.025	±0.0010	±0.005	±0.0010
J	±0.005	±0.025	±0.05 ±0.13	±0.0002	±0.001	±0.002 ±0.005
K	±0.013	±0.025	±0.05 ±0.13	±0.0005	±0.001	±0.002 ±0.005
L	±0.025	±0.025	±0.05 ±0.13	±0.0010	±0.001	±0.002 ±0.005
M	±0.08 ±0.18	±0.013	±0.05 ±0.13	±0.003 ±0.007	±0.005	±0.002 ±0.005
N	±0.08 ±0.18	±0.025	±0.05 ±0.13	±0.003 ±0.007	±0.001	±0.002 ±0.005
U	±0.013 ±0.38	±0.013	±0.08 ±0.25	±0.005 ±0.015	±0.005	±0.003 ±0.010

注：表中s为刀片厚度,d为刀片内切圆直径,m为刀片尺寸参数(图2-40)。

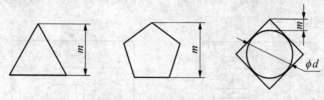

图 4-5 刀片尺寸参数

G——刀片断屑及夹固形式的代码(图 4-6),如代码 G 表示双面断屑槽,夹固形式为通孔;

A	B 70°~90°	C 70°~90°	F	G	H 70°~90°	J 70°~90°
M	N	Q 40°~60°	R	T 40°~60°	U 40°~60°	W 40°~60°

图 4-6 刀片断屑及夹固形式代码

12——切削刃长度表示方法(图 4-7),如代码 12 表示切削刃长度为 12 mm;

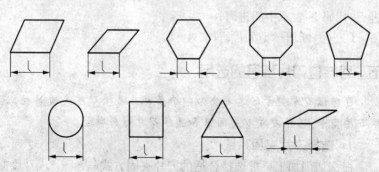

图 4-7 切削刃长度表示方法

04——刀片厚度的代码(图 4 - 8),如代码 04 表示刀片厚度为
4.76 mm;

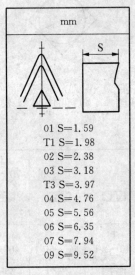

mm

01 S=1.59
T1 S=1.98
02 S=2.38
03 S=3.18
T3 S=3.97
04 S=4.76
05 S=5.56
06 S=6.35
07 S=7.94
09 S=9.52

圆弧半径

r

00—尖锐
02—0.2
04—0.4
08—0.8
12—1.2
16—1.6
20—2.0
24—2.4
32—3.2

图 4 - 8　刀片厚度代码　　　　图 4 - 9　修光刃代码(mm)

08——修光刃的代码(图 4 - 9),如代码 08 表示刀尖圆弧半径
为 0.8 mm;

———表示特殊需要的代码;

R——进给方向的代码,如代码 R 表示右进刀,代码 L 表示左
进刀,代码 N 表示中间进刀;

PF——断屑槽型的代码(表 4 - 6)。

五、可转位刀片型号的选用

☞　可转位刀片型号的选用分为四个步骤:选择刀片夹固系统,选择刀片型号,选择刀片刀尖圆弧和选择刀片材料牌号。

1. 选择刀片夹固系统

根据切削加工要求选择合适的刀片夹固方式(表 4 - 4),刀片夹固系统的结构见图 4 - 10,刀片夹固系统的使用性能分成 1~5 级,

其中5级是最佳选择。

表4-4 刀片夹固系统选用推荐表

夹固方式	杠杆式 楔钩式 螺销上压式	压孔式	压板上压式	仿形上压式
外圆粗车 外圆精车	5 4	2 5	2 4	4 4
内圆粗车 内圆精车	5 4	2 5	2 5	4 4
切屑流向	5	5	3	3

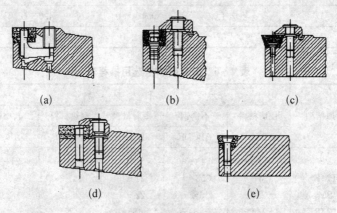

图4-10 刀片夹固系统
(a) 杠杆式;(b) 螺销上压式;(c) 上压式;(d) 楔钩式;(e) 压孔式

2. 选择可转位刀片型号

选择可转位刀片型号时要考虑多方面的因素,根据加工零件的形状选择刀片形状代码;根据切削加工的材料选择主切削刃后角代码;根据零件的加工精度选择刀片尺寸公差代码;根据加工要求选择刀片断屑及夹固形式代码;根据选用的切削用量选择刀片切削刃长度代码;此外还要选择刀片断屑槽型;通过理论公式计算刀片切削刃长度。

(1) 选择刀片断屑槽型

如表 4-5 所示,根据切削用量把加工要求分为超精加工、精加工、半精加工、粗加工、重力切削五个等级,分别用代码 A、B、C、D、E 表示。又根据工件材料的切削性能选用合适的刀片断屑槽型,见表 4-6,刀片断屑槽型的使用性能分成 1～5 级,其中 5 是最佳选择。

表 4-5 切削用量选用参考表

代 码	加工要求	进给量 f(mm/r)	切削深度 a_p(mm)
A	超精加工	0.05～0.15	0.25～2.0
B	精加工	0.1～0.3	0.5～2.0
C	半精加工	0.2～0.5	2.0～4.0
D	粗加工	0.4～1.0	4.0～10.0
E	重力切削	>1.0	6.0～20.0

表 4-6 刀片断屑槽选用推荐表

断屑槽型	工 件 材 料				
	长屑材料	不锈钢	短屑材料	耐热材料	软材料
	ABCDE	ABCDE	BCDE	ABCD	ABCD
PF	543--	543--	21--	43--	21--
PMF	353--	353--	21--	54--	-33-
PM	-253-	1552-	22--	2552	-232
PMR	-144-	-134-	4554	-221	----
PR	-1455	-1343	1122	--22	-33-
HF	54---	54---	3---	43--	21--
HM	-54--	354--	21--	343-	344-
HR	1451-	2641-	441-	1231	2342
31	-145	--133	4444	--11	----
53	54---	54---	3---	43--	21--
TCGR	54---	54---	3---	43--	21--
PMR	1442-	2442-	322-	1322	2342
PGR	1442-	2442-	322-	1322	2342

（续　表）

断屑槽型	工件材料				
	长屑材料	不锈钢	短屑材料	耐热材料	软材料
	ABCDE	ABCDE	BCDE	ABCD	ABCD
NUN	- 1343	- - - - -	4554	- - - -	- - - -
NGN	- 1343	- - - -	4554	- - - -	
PUN	- 1443	- 3553	4431	- 355	- 222
PGN	- 1443	- 3553	4431	- 355	- 222
11	- 431 -	- 452 -	321 -	- 431	- 421
12	- 342 -	- 243 -	- 353	- 253	- 242
RCMT	13442	13432	3332	- 222	2232
RCMX	- 1343	- 2322	3433	- 222	- 111
RNMG	- 1242	- 221 -	233 -	- 231	- - - -

注：表中断屑槽型为株洲硬质合金厂可转位刀片的断屑槽代码

（2）切削刃长度计算

通过刀具主偏角 K 和切削深度 a 计算刀片有效切削刃长度 L（图 4-11），并推算刀刃的实际长度，然后根据刀刃的实际长度选用合适的切削刃长度代码。

刀片有效切削刃长 L 计算公式：

$$L = \frac{a}{\sin k}$$

$$L_{\max} = (0.25 - 0.5)L$$

$$L_{\max} = 0.4d$$

式中：d——圆形刀片直径 mm；

L——刀片切削刃长度 mm。

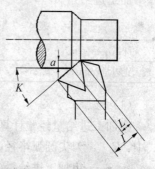

图 4-11　K、a 和 L 之间的关系

3. 选择刀片形状与刀尖圆弧

（1）选择刀片形状

刀片形状主要依据被加工工件的表面形状、切削方法、刀具寿命和刀片的转位次数等因素选择。刀片是机夹可转位车刀的一个

最重要组成元件。刀片可分为带圆孔、带沉孔以及无孔 3 大类。形状有三角形、正方形、五边形、六边形、圆形、菱形等 17 种。刀片的形状和切屑边长均已标准化。

刀尖角的大小决定了刀片的强度,如图 4 - 12 所示,在工件结构形状和系统刚性允许的前提下,应选择尽可能大的刀尖角,刃尖角通常在 35°～90°之间。如图 4 - 12 所示为刀片刀尖角与刀片切削性能的关系。

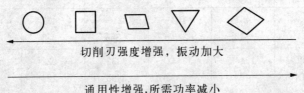

切削刃强度增强,振动加大

通用性增强,所需功率减小

图 4 - 12 刀尖角与切削性能的关系

(2) 选择刀尖圆弧

粗加工时按刀尖圆弧半径选择刀具最大进给量,见表 4 - 7,或通过经验公式计算刀具进给量;精加工时按工件表面粗糙度要求计算精加工进给量。

表 4 - 7 选用最大进给量参考表

刀尖圆弧半径(mm)	0.4	0.8	1.2	1.6	2.4
最大走刀量(mm/r)	0.25～0.35	0.4～0.7	0.5～1.0	0.7～1.3	1.0～1.8

(1) 粗加工

粗加工进给量经验计算公式:$f_{粗} = 0.5R$

式中:R——刀尖圆弧半径(mm);

$f_{粗}$——粗加工进给量(mm)。

(2) 精加工

根据表面粗糙度理论公式推算精加工进给量 f 公式:

$$R_t = \frac{f^2}{8r_\varepsilon} \times 1\,000$$

式中：R_t——轮廓深度（μm）；

f——进给量（mm/r）；

r_ε——刀尖圆弧半径（mm）。

4. 选择刀片材料牌号

国际 ISO 标准把硬质合金刀片材料分为 P、K、M 三类，分别加工钢、铸铁、合金钢以及不易加工的材料。表 4 - 8、表 4 - 9 和表 4 - 10 为可转位刀片材料牌号。根据车削工件的材料及其硬度、选用的切削用量来选择可转位刀片材料的牌号。

六、车削用夹具的选择

1. 工件的安装与定位

（1）工件的安装

1）力求符合设计基准、工艺基准、安装基准和工件坐标系的基准统一原则；

2）减少装夹次数，尽可能做到在一次装夹后能加工全部待加工表面；

3）尽可能采用专用夹具，减少占机装夹与调整的时间。

2. 工件的定位

对于轴类零件，通常以零件自身的外圆柱面作定位基准来定位；套类零件则以内孔为定位基准。按定位元件不同有以下几种定位方法。

（1）圆柱心轴上定位

加工套类零件时，常用工件孔在圆柱心轴上定位，孔与心轴常用 H7/h6 或 H7/g6 的配合。

（2）小锥度心轴定位

将圆柱心轴改成锥度很小的锥体（C＝1/1 000～1/5 000）时，就成了小锥度心轴，工件在小锥度心轴定位，消除了径向间隙，提高了心轴的定心精度。定位时，工件楔紧在心轴上，靠楔紧产生的摩擦力带动工件，不需要再夹紧，且定心精度高；缺点是工件在轴向不能定位。适用于工件的定位孔精度较高的精加工。

表4-8 ISO标准P类常用刀片牌号

材料	硬度 HB	基本牌号					
		TN315	TN325	YB415	YB425	YB435	YB235
	进给量 (mm/r)	0.05-0.1-0.2	0.05-0.1-0.3	0.1-0.4-0.8	0.1-0.4-0.8	0.2-0.5-1.0	0.1-0.4-0.6
	切削速度 (m/min)						
碳素钢	125	640-530-430	490-410-290	480-345-250	440-300-205	380-230-165	180-130-110
	150	580-490-390	450-380-260	440-315-230	400-275-190	300-210-150	165-120-100
	200	510-430-340	390-330-230	385-216-200	350-250-165	260-185-130	145-105-90
	180	445-370-300	315-265-180	380-265-195	320-220-170	200-140-100	155-110-90
合金钢	275	305-250-205	215-160-125	260-180-130	215-150-115	140-100-70	105-75-60
	300	280-235-190	200-165-115	240-165-120	200-135-105	125-90-60	95-70-50
	350	245-205-165	175-145-100	210-145-105	170-120-90	110-75-55	85-60-45
高合金钢	200	400-330	280-235-165	350-230-170	280-185-135	175-115-80	145-100-80
	325	195-150	145-115-80	170-110	120-80-60	85-55-40	65-45-35
不锈钢	200	345-285	290-145-180	295-240-190	275-210-165	225-180-145	130-110-90
铸钢	180	270-225	190-155	260-185-145	230-160-120	135-105-75	100-85-60
	200	270-225	190-155	255-180-95	190-125-85	120-90-80	90-75-55
	225	220-180	150-120	190-130-95	170-115-80	95-70-55	80-60-45

表4-9 ISO标准M类常用刀片牌号

材料	硬度 HB	基　本　牌　号				备　注
		TN325	YB325	YL10.1	YL10.2	
进　给　量 (mm/r)		0.05 - 0.1 - 0.2	0.2 - 0.4 - 0.6 - 0.8	0.2 - 0.5 - 1.0	0.3 - 0.6 - 1.2	
切　削　速　度 (m/min)						
不锈钢	180	220 - 205 - 180	120 - 105 - 90 - 80	100 - 70		奥氏体
	200			63 - 32 - 15	45 - 27 - 12	退火铁基
耐热合金	280			46 - 23 - 9	30 - 19	时效铁基
	280			27 - 14	17	退火镍基
	350			17	10	时效
	320			15	10	铸造钴基

表4-10 ISO标准K类常用刀片牌号

材料		硬度 HB	耐磨性 YB3015	基本牌号 YB435	强度 YL10.1
			走刀量 0.1-0.4-0.8 (mm/r)	走刀量 0.2-0.5-1.0 (mm/r)	走刀量 0.2-0.5-1.0 (mm/r)
			切削速度 (m/min)	切削速度 (m/min)	切削速度 (m/min)
淬火钢	淬火钢 锰钢	55 250	(HRC)		
可锻铸铁	铁光体 珠光体	130 230	315-270-210 225-155-95	175-145-100 120-85-50	105-75-45 80-60-30
低强度铸铁 高强度铸铁	铁素体 珠光体	180 260	475-290-185 270-175-110	225-150-90 155-95-55	135-95-60 95-65-40
球墨铸铁	铁素体 珠光体	160 250	285-200-140 210-145-100	165-110-70 120-90-55	115-80-45 80-50-30
冷硬铸铁		400			17-11
铝合金	未热处理 热处理	60 100			1750-1280-800 510-370-250
铸铝合金	未热处理 热处理	75 90			460-285-175 300-180-110
铜合金	铝合金、黄铜、紫铜 青铜、电解铜	110 90 100			610-430-295 310-250-195 225-160-115
其他材料	硬塑料 纤维材料 硬橡胶				380-240 190-120 225-160

（3）圆锥心轴定位

当工件的内孔为锥孔时,可用与工件内孔锥度相同的锥度心轴定位,为了便于卸下工件,可在心轴大端配上一个旋出工件的螺母。

（4）螺纹心轴定位

当工件内孔是螺孔时,可用螺纹心轴定位。

另外,还有花键心轴、张力心轴等。

第三节　数控铣床刀具

数控铣床与加工中心使用的刀具种类很多,主要分铣削刀具和孔加工刀具两大类,所用刀具正朝着标准化、通用化和模块化的方向发展,为满足高效和特殊的铣削要求,又发展了各种特殊用途的专用刀具。

数控铣床与加工中心使用的刀具种类很多,主要分铣削刀具和孔加工刀具两大类,所用刀具正朝着标准化、通用化和模块化的方向发展,为满足高效和特殊的铣削要求,又发展了各种特殊用途的专用刀具。

一、数控铣刀结构与类型

1. 铣刀结构

铣刀的结构分为三部分：切削部分、导入部分和柄部（图 4 - 13）。铣刀的柄部为 7∶24 圆锥柄,这种圆锥柄不会自锁,换刀方便,具有较高的定位精度和较大的刚性。

2. 数控铣刀类型

铣削加工刀具种类很多,在数控机床和加工中心上常用的铣刀有:

（1）平面铣刀

这种铣刀主要有圆柱铣刀和端面铣刀（如图 4 - 14 所示）两种形式。

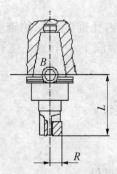

图 4－13　铣刀的结构

图 4－14　平面铣刀

（2）键槽铣刀

键槽铣刀有两个刀齿，圆柱面和端面都有切削刃，如图 4－15 所示。

图 4－15　键槽铣刀

（3）模具铣刀

模具铣刀切削部分有球形、凸形、凹形和 T 形等各种形状，如图 4－16、4－17 所示。

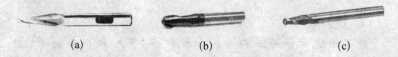

(a)　　　　　　　　(b)　　　　　　　　(c)

图 4－16　高速钢模具铣刀

（a）圆锥形立铣刀；（b）圆柱形球头铣刀；（c）圆锥形球头铣刀

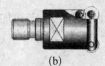

(a)　　　　　　　(b)　　　　　　　(c)

图 4－17　硬质合金模具铣刀

（a）可转位球头立铣刀；（b）可转位圆弧端铣刀；（c）整体球头立铣刀

（4）立铣刀

立铣刀是数控机床上用得最多的一种铣刀，如图 4 - 18。立铣刀的圆柱表面和端面上都有切削刃，它们可以同时进行切削，也可以单独切削。

（5）组合成形铣刀

用多把铣刀组合使用，同时加工一个或多个零件，不但可以提高生产率，还可以保证零件的加工质量。

图 4 - 18 立铣刀

（6）钻削刀具

在数控铣床和加工中心上钻孔都是无钻模直接钻孔，因此一般钻孔深度约为直径的 5 倍左右，细长孔的加工易于折断，要注意冷却和排屑。镶三面刃机夹刀片的强力高速钻头，其一片刀片位于中心线上，另一刀片位于周边上，它的形状类似深孔钻头，冷却液可以从钻头中心引入。为了提高刀片的寿命，刀片上涂有一层碳化钛层，寿命为一般刀片的 2～3 倍，使用这种钻头钻箱体孔，比普通麻花钻要提高工效 4～6 倍。

在钻孔前最好先用中心钻钻一中心孔，或用一刚性较好的短钻头划一窝，是解决在铸件毛坯表面引正等问题。如代替孔的倒角，提高小钻头的寿命。划窝一般采用 $\phi 8$～$\phi 15$ 的钻头，如图 4 - 19 所示。当毛坯表面非常硬，钻头无法划窝时可先用硬质合金立铣刀，在欲钻孔部位先铣一个小平面，然后再用中心钻钻一引孔，解决硬表面钻孔引正问题。

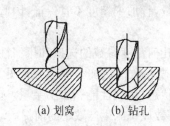

(a) 划窝　　(b) 钻孔

图 4 - 19　划窝钻孔加工

二、数控铣床刀具的选择

数控铣床切削加工具有高速、高效的特点，与传统铣床切削加工相比较，数控铣床对切削加工刀具的要求更高，铣削刀具的刚性、强度、耐用度和安装调整方法都会直接影响切削加工的工作效率；刀具的本身精度，尺寸稳定性都会直接影响工件的加工精度及表面的加工质量，合理选用切削刀具也是数控加工工艺中的重要内容之一。

1. 数控铣刀具的基本要求

（1）铣刀刚性要好

由于数控铣床在加工过程中难以调整切削用量，且在加工过程中为了提高生产效率通常采用大的切削用量，所以铣刀的刚性必须满足一定的要求。例如，当工件各处的加工余量相差悬殊时，通用铣床碰到此类情况可以采用分层铣削方法加以解决，但数控铣床必须按预先编制的程序走刀，不可能在加工过程中随时调节走刀路线，除非在编程时能预先考虑周到，否则铣刀只能返回原点，用改变切削面高度或加大刀具半径补偿值的方法从头开始加工。在通用机床上加工时，如果刀具刚性不强，加工过程中出现振动可以随时调整切削用量来解决，但是数控铣加工就很难办到，由此产生的因立铣刀刚性差而断刀，并造成损伤工件的事故经常发生，所以要充分重视数控铣刀的刚性问题。

（2）铣刀的寿命要长

当一把铣刀加工的内容很多时，如果刀具不耐用，磨损很快，就会增加换刀和对刀次数，零件表面可能留下因对刀误差而形成的接刀台阶，这样就降低了零件的表面质量，且加工精度不宜保证，因此铣刀的寿命要长。

除上述两点之外，铣刀切削刃的几何角度参数的选择和排屑性能等也非常重要，切屑粘刀造成积屑瘤在数控铣加工中十分常见。总之，根据被加工工件材料的热处理状态、切削性能和加工余量，选择刚性好、寿命长的铣刀，是充分发挥数控铣床生产效率的前提。

2. 数控铣加工刀具的选择原则

选择刀具应根据机床的加工能力、工件材料的性能、加工工序、切削用量以及其他相关因素正确选用。刀具选择总的原则是适用、安全、经济。

适用是要求所选择的刀具能达到加工目的，完成材料的去除，并达到预定的加工精度。如在粗加工时,选择有足够大并有足够的切削能力的刀具能快速去除材料;而在精加工时,为了能把结构形状全部加工出来,要使用较小的刀具,加工到每一个角落。再如,在切削低硬度材料时,可以使用高速钢刀具,而在切削高硬度材料时,就必须要用硬质合金刀具。

安全指的是在有效去除材料的同时,不会产生刀具的碰撞、折断等。要保证刀具及刀柄不会与工件相碰撞或者挤擦,造成刀具或工件的损坏。如加长的直径很小的刀具切削硬质的材料时,很容易折断,选用时一定要慎重。

经济指的是能以最小的成本完成加工。在同样可以完成加工的情形下,选择相对综合成本较低的方案,而不是选择最便宜的刀具。刀具的寿命和精度与刀具价格关系极大,必须引起注意的是,在大多数情况下,选择好的刀具虽然增加了刀具成本,但由此带来的加工质量和加工效率的提高则可以使总体成本可能比使用普通刀具更低,产生更好的效益。如进行钢材切削时,选用高速钢刀具,其进给速度只能达到 100 mm/min,而采用同样尺寸的硬质合金刀具,进给速度可以达到 500 mm/min 以上,这样可以大幅缩短加工时间,虽然刀具价格较高,但总体成本反而更低。通常情况下,优先选择经济性良好的可转位刀具。

选择刀具时还要考虑安装调整的方便程度、刚性、寿命和精度。在满足加工要求的前提下,刀具的悬伸长度尽可能短,以提高刀具系统的刚性。

3. 根据加工表面的形状和尺寸选择刀具的种类和尺寸

加工较大的平面选择面铣刀;加工凸台、凹槽和平面曲线轮廓选择高速钢立铣刀,但高速钢立铣刀不要加工毛坯面,因为毛坯面的硬化层和夹沙会使刀具很快磨损;加工毛坯面用硬质合金立铣刀、加工模具型腔则多选用模具铣刀或鼓形铣刀;加工键槽用键槽铣刀;加工各种圆弧形的凹槽、斜角面和特殊孔等选用成形铣刀。

4. 根据切削条件选用铣刀几何角度

在强力间断切削铸铁和钢等硬质材料时,应选用负前角铣刀;

而正前角铣刀适用于铸铁和碳素钢等软性钢材的连续切削。在铣削有台阶面的平面时,应选用主偏角为90°的面铣刀;而铣削无台阶面的平面时,应选择主偏角为75°的面铣刀,以提高铣刀的使用寿命。

(1) 立铣刀刀具参数的选择

立铣刀是数控加工中常用刀具,立铣刀的加工时所涉及的参数如图4-20所示。这些参数可按下列经验选取。

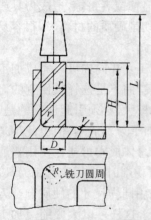

1) 立铣刀半径 R 应小于零件的内轮廓的最小曲率半径 r_{min},一般取 $R=(0.8\sim0.9)r_{min}$。

2) 工件的加工高度 $H<(1/4\sim1/6)R$,以保证刀具有足够的刚度。

3) 对不通的槽(或盲孔),选取

$$I=H+(5\sim10)\text{mm}$$

式中:I——刀具切削部分的长度;

H——工件的加工高度 H。

4) 加工外形及通槽时,选取

$$I=H+r+(5\sim10)\text{mm}$$

图4-20 立铣刀加工中的参数

式中:r——端面刃圆角半径。

5) 粗加工内轮廓表面时,铣刀的最大直径 D_{max} 可按下式计算

$$D_{max}=\frac{2(\delta\sin\phi/2-\delta_1)}{1+\sin\phi/2}+D$$

式中:D_{max}——工件轮廓的最大凹圆角直径;

δ——圆角邻边夹角等分线上的精加工余量;

δ_1——精加工余量;

ϕ——圆角两邻边的最小夹角。

6) 加工肋板时,立铣刀直径

$$D=(5\sim10)b$$

式中:b——筋板厚度。

一般情况下，为减少走刀次数和保证铣刀有足够的刚度，应选择直径较大的铣刀。但由于工件内腔尺寸、工件内廓形连接凹圆弧 r_{min} 较小等因素的限制，会将刀具限制为细长形，使其刚度很低，为解决这一问题，通常采取直径大小不同的两把铣刀分别进行粗、精加工，这时因粗铣铣刀直径过大，粗铣后在连接凹圆处的 r_{min} 值过大，精铣时用直径等于 $2r_{min}$ 的铣刀铣去留下的死角。

立铣刀端面刃圆角半径长一般应与零件图样底面圆角相等，但 r 值越大，铣刀端面刃铣削平面的能力越差，效率越低，如果 r 等于立铣刀圆柱半径 R 时，就变成了球头铣刀。为提高切削效率，采用与上述类似的方法，用两把 r 值不同的铣刀，粗铣用 r 值较大的铣刀，粗铣后留下精加工的余量，最后再用 r 等于零件图样底面圆角的精铣刀精铣。

5. 孔加工刀具的选用

（1）数控机床孔加工一般无钻模，由于钻头的刚性和切削条件差，选用钻头直径 D 应满足 $L/D \leqslant 5$（L 为钻孔深度）的条件；

（2）钻孔前先用中心钻定位，保证孔加工的定位精度；

（3）精铰孔可选用浮动绞刀，铰孔前孔口要倒角；

（4）镗孔时应尽量选用对称的多刃镗刀头进行切削，以平衡径向力，减少镗削振动；

（5）尽量选择较粗和较短的刀杆，以减少切削振动。

6. 铣刀的刀柄及其标准

切削刀具通过刀柄与数控铣床主轴连接，其强度、刚性、耐磨性、制造精度以及夹紧力等对加工有直接的影响，进行高速铣削的刀柄还有动平衡、减振等要求。数控铣床刀柄一般采用 7∶24 锥面与主轴锥孔配合定位，刀柄及其尾部供主轴内拉刀机构使用的拉钉已实现标准化，应根据使用的数控铣床的具体要求来配备，常用的刀柄规格有 BT30、BT40、BT50 或者 ISO40、ISO50，在高速加工中心则使用 HSK 刀柄。在满足加工要求的前提下，刀柄的长度尽量选择短一些，以提高刀具加工的刚性。

相同标准及规格的加工中心用的刀柄在数控铣床上也能使用，

其主要区别是加工中心有的刀柄有供换刀机械手夹持的环形槽,而数控铣床的刀柄则没有这种环形槽。

目前常用的刀柄按其夹持形式及用途可分为钻夹头刀柄、侧固式刀柄、面铣刀刀柄、莫氏锥度刀柄、弹簧夹头刀柄、强力夹头刀柄及特殊刀柄等,各种刀柄的形状如图 4-21 所示。

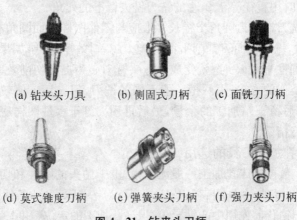

(a) 钻夹头刀具　　(b) 侧固式刀柄　　(c) 面铣刀刀柄

(d) 莫式锥度刀柄　(e) 弹簧夹头刀柄　(f) 强力夹头刀柄

图 4-21　钻夹头刀柄

(1) 钻夹头刀柄,其形状如图 4-21 所示,是主要用于夹持直径 13 mm 以下的直柄钻头,或中心钻、绞刀等,而直径 13 mm 以上的钻头或绞刀,则多使用莫氏锥度刀柄。

(2) 侧固式刀柄,其形状如图(b)所示,也称削平型直柄刀柄,特别适合将圆刀柄削出一部分平直部分来以螺钉压紧而得名。这种刀柄具有结构简单、夹持力强的特点,但因为使用单面的螺钉来压紧,造成同心度稍差。可夹持单一直径的直柄刀具进行铣削加工,适用于数控机床的粗加工。

(3) 面铣刀刀柄,其形状如图(c)所示,以刀柄端部的锥度部分与铣刀的锥孔进行配合,通常用于较大直径的面铣刀,因其刀柄短、扭矩大,所以适用于较高速度的平面切削。

(4) 莫氏锥度刀柄,其形状如图(d)所示,这种刀柄可与莫氏圆锥柄类刀具配合进行钻、铰切削加工。通常还可分为带扁尾莫氏圆锥孔刀柄和不带扁尾莫氏圆锥孔刀柄。

（5）弹簧夹头刀柄，其形状如图（e）所示，刀柄具有精度高、夹持适应性好的特点，配不同系列的双锥形式的弹性夹套，可夹持各类直柄刀具进行铣、铰、切削加工。夹持刀具直径范围从小到大，具有连续性，单件弹簧夹头夹持变量为 1 mm，具有广泛的使用性能。弹簧夹头刀柄通常用来夹持端铣刀或直柄钻头，也可再夹持一支筒夹加长杆来将刀具加长，避免干涉。

三、铣削用夹具的选择

在切削加工时，把工件放在机床上（或夹具中），使它在夹具上的位置按照一定的要求确定下来，并将必须限制的自由度予以限制，这称作工件在夹具上的"定位"。工件在实现定位以后，为了承受切削力、惯性力和工件重力，还应夹牢，这称为"夹紧"。从定位到夹紧的整个过程叫"安装"。工件安装情况的好坏，将直接影响工件的加工精度。

工件相对夹具一般应完全定位，且工件的基准相对于机床坐标系原点应有严格的确定位置，以满足能在数控机床坐标系中实现工件与刀具相对运动的要求。同时，夹具在机床上也应完全定位，夹具上的每个定位面相对数控机床的坐标原点均应有精确的坐标尺寸，以满足数控加工中简化定位和安装的要求。

在数控铣削加工中一般不要求很复杂的夹具，只要求简单的定位、夹紧就可以了，其设计的原理也与通用铣床夹具相同，结合数控铣削加工的特点，还需考虑的因素有：

（1）为保证工件在本工序中所有需要完成的待加工面充分暴露在外，夹具要做得尽可能开敞，因为夹紧机构元件和加工面之间应保持一定的安全距离，同时要求夹紧机构元件能低则低，以防止夹具与铣床主轴套筒或刀套、刀具在加工过程中发生干涉。

（2）为保持零件的安装方位与机床坐标系及编程坐标系方向的一致性，夹具应保证在机床上实现定向安装，还要求协调零件定位面与机床之间保持一定的坐标联系。

（3）夹具的刚性与稳定性要好。尽量不采用在加工过程中更换夹紧点的设计，当非要在加工过程中更换夹紧点时，要特别注意不能破坏夹具或工件的定位精度。

数控铣削加工常用的夹具大致有以下几种：

（1）万能组合夹具。适合小批量生产或研制时的中小、小型工件在数控铣床上进行铣削加工。

（2）专用铣削夹具。特别为某一项或类似的几项工件设计制造的夹具，一般在年产量较大或研制时非要不可时采用。其结构固定，仅使用于一个具体零件的具体工序，这类夹具设计应力求简化，使制造时间尽量缩短。

（3）多工位夹具。可以同时装夹多个工件，可减少换刀次数，以便于一面加工，一面装卸工件，有利于缩短辅助时间，提高生产率，较适合中批量生产。

（4）气动或液压夹具。适合生产批量较大的场合，采用其他夹具又特别费工费力的工件，能减轻工人劳动强度和提高生产率，但此类夹具结构较复杂，造价往往很高，而且制造周期较长。

（5）通用铣削夹具。有通用可调夹具、虎钳、分度头和三爪卡盘等。

第四节　数控机床加工工艺过程

一、数控机床加工工艺分析

数控加工工艺分析是数控加工编程的前期工艺准备工作。工艺分析设计内容很多，归纳起来，主要包括分析零件图中的尺寸标注方法、分析构成零件轮廓的几何元素条件、分析工件结构的工艺性、分析零件定位基准的可靠性。

1. 分析零件图中的尺寸标注方法

以同一基准引注尺寸或直接标注坐标尺寸的方法为统一基准标注方法，这种标注方法（图 4-22 所示）最符合数控机床的加工特点,既方便编程,又保持了设计基准、工艺基准、测量基准与工件原点设置的一致性。而设计人员在标注尺寸时较多考虑装配与使用特性方面的因素,常采用局部分散的标注方法(图 4 - 23 所示),这种标注方式给工序安排与数控编程带来许多不便,宜将局部分散的标注方法改为统一基准标注方法,由于数控加工精度及重复定位精度很高,统一基准标注方法不会产生较大的累积误差。

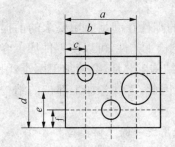

图 4 - 22　统一基准标注方法图

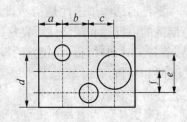

图 4 - 23　分散基准标注方法

2. 分析构成零件轮廓的几何元素条件

构成零件轮廓的几何元素(点、线、面)的条件(如相切、相交、垂直和平行等),是数控编程的重要依据。审查与分析零件图纸中构成轮廓的几何元素的条件时,一定要仔细认真,看是否有构成零件轮廓的几何元素不充分或模糊不清的问题。手工编程时,要依据这些条件计算每一个节点的坐标;自动编程时,则要根据这些条件才能对构成零件的所有几何元素进行定义,无论哪一条件不明确,编程都无法进行。因此,当审查与分析图样时,发现构成零件轮廓的几何元素的条件不充分时,应及时与零件设计者协商解决。

3. 零件技术要求与零件材料分析

零件的技术要求主要是指尺寸精度、形状精度、位置精度、表面粗糙度及热处理等这些要求在保证零件使用性能的前提下,应经济合理。过高的精度和表面粗糙度要求会使工艺过程复杂、加工困难、成本提高。

虽然数控机床精度很高,但对一些特殊情况,例如过薄的底板与肋板,因为加工时产生的切削拉力及薄板的弹性退让极易产生切削面的振动,使薄板厚度尺寸公差难以保证,其表面粗糙度也将增大。根据实践经验,对于面积较大的薄板,当其厚度小于 3 mm 时,就应在工艺上充分重视这一问题。

此外,在满足零件功能的前提下,应选用廉价、切削性能好的材料。而且,材料选择应立足国内,不要轻易选用贵重或紧缺的材料。

4. 分析工件结构的工艺性

零件的结构工艺性是指所设计的零件在满足使用要求的前提下制造的可行性和经济性。良好的结构工艺性,可以使零件加工容易,节省工时和材料。而较差的零件结构工艺性,会使加工困难,浪费工时和材料,有时甚至无法加工。因此,零件各加工部位的结构工艺性应符合数控加工的特点。

(1) 工件的内腔与外形应尽量采用统一的几何类型和尺寸

同一轴上直径差不多的轴肩退刀槽的宽度应尽量统一尺寸,这样可以减少刀具的规格和换刀的次数,方便编程和提高数控机床加工效率。在数控加工中若没有统一的定位基准,则会因工件的二次装夹而造成加工后两个面上的轮廓位置及尺寸不协调现象。另外,零件上最好有合适的孔作为定位基准孔。若没有,则应设置工艺孔作为定位基准孔。若无法制出工艺孔,最起码也要用精加工表面作为统一基准,以减少二次装夹产生的误差。

此外,还应分析零件所要求的加工精度、尺寸公差等是否可以得到保证,有没有引起矛盾的多余尺寸或影响加工安排的封闭尺寸等。

(2) 工件内槽及缘板间的过渡圆角半径不应太小

过渡圆角半径反映了刀具直径的大小,刀具直径和被加工工件轮廓的深度之比与刀具的刚度有关,零件的被加工轮廓越低、内槽圆弧越大,则可以采用大直径的铣刀进行加工。如 4-24a 所示,当 $R < 0.2H$ 时(H 为被加工工件轮廓面的深度),则判定该工件该部位的加工工艺性较差;如图 4-24b 所示,当 $R > 0.2H$ 时,则刀具的当量刚度较好,工件的加工质量能得到保证。

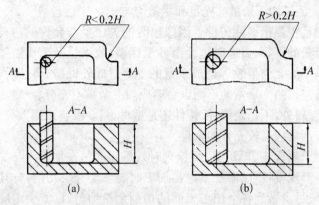

图 4-24　内槽过渡半径图

(3) 工件槽底圆角半径不宜过大

如图 4-25 所示,铣削工件底平面时,槽底的圆角半径 r 越大,铣刀端刃铣削平面的能力就越差,铣刀与铣削平面接触的最大直径 $d = D - 2r$(D 为铣刀直径),当 D 一定时,r 越大,铣刀端刃铣削平面的面积越小,加工表面的能力相应减小。

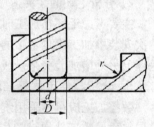

图 4-25　零件槽底的圆角半径

(4) 注意分析零件的变形情况

零件在数控加工时的变形,不仅影响加工质量,而且当变形较大时,将使加工不能继续进行下去。这时就应当考虑采取一些必要的工艺措施进行预防,如对钢件进行调质处理,对铸铝件进行退火处理,对不能用热处理方法解决的,也可考虑粗、精加工及对称去余量等常规方法。

除了上面讲到的有关零件的结构工艺性外,有时还要考虑到毛坯的结构工艺性,因为在数控加工零件时,加工过程是自动的,毛坯余量的大小、如何装夹等问题在选择毛坯时就要仔细考虑好。否则,一旦毛坯不适合数控加工,加工过程将很难进行下去。根据经验,确定毛坯的余量和装夹应注意以下两点:

1）毛坯加工余量应充足和尽量均匀

毛坯主要指锻件铸件。因锻模时的欠压量与允许的错模量会造成余量的不等；铸造时也会因砂型误差、收缩量及金属液体的流动性差不能充满型腔等造成余量的不等。此外锻造、铸造后，毛坯的挠曲与扭曲变形量的不同也会造成加工余量不充分、不稳定。因此，除板料外，不论是锻件、铸件还是型材，只要准备采用数控加工，其加工面均应有较充分的余量。

对于热轧中、厚铝板，经淬火时效后很容易在加工中与加工后出现变形现象，所以需要考虑在加工时要不要分层切削，分几层切削，一般尽量做到各个加工表面的切削余量均匀，以减少内应力所致的变形。

2）分析毛坯的装夹适应性

主要考虑毛坯在加工时定位和夹紧的可靠性与方便性，以便在一次安装中加工出尽量多的表面。对于不便装夹的毛坯，可考虑在毛坯上另外增加装夹余量或工艺凸台、工艺凸耳等辅助基准。

5. 分析零件定位基准的可靠性

数控加工应尽量采用统一的基准定位，否则会因工件的安装定位误差而导致工件加工的位置误差和形状误差。如果在数控机床上需要对工件调头加工，最好选用已加工的外圆或已加工的内孔作为定位基准。如果没有，则应设置辅助基准，必要时在毛坯上增加工艺凸台或制作工艺孔，加工结束后再处理所设的辅助基准。

二、数控加工工艺路线设计

工艺路线的拟定是制定工艺规程的重要内容之一，数控加工的工艺路线设计必须全面考虑，注意工序的正确划分、顺序的合理安排和数控加工工序与普通工序的衔接。设计者应根据从生产实践中总结出来的一些综合性工艺原则，结合实际生产条件，提出几种方案，通过对比分析，从中选择最佳方案。

1. 加工方法的选择

机械零件的结构形状是多种多样的，但它们都是由平面、外圆

柱面、内圆柱面或曲面、成形面等基本表面组成的。每一种表面都
有多种加工方法,具体选择时应根据零件的加工精度、表面粗糙度、
材料、结构形状、尺寸及生产类型等因素,选用相应的加工方法和加
工方案。

(1) 外圆表面加工方法的选择

外圆表面的主要加工方法是车削和磨削。当表面粗糙度要求
较高时,还要经光整加工。

1) 最终工序为车削的加工方案,适用于除淬火钢以外的各种
金属。

2) 最终工序为磨削的加工方案,适用于淬火钢、未淬火钢和铸
铁,不适用于有色金属,因为有色金属韧性大,磨削时易堵塞砂轮。

3) 最终工序为精细车或金刚车的加工方案,适用于要求较高
的有色金属的精加工。

4) 最终工序为光整加工,如研磨、超精磨及超精加工等,为提
高生产效率和加工质量,一般在光整加工前进行精磨。

5) 对表面粗糙度要求高,而尺寸精度要求不高的外圆,可采用
滚压或抛光。

(2) 内孔表面加工方法的选择

内孔表面加工方法有钻孔、扩孔、铰孔、镗孔、拉孔、磨孔和光整
加工。孔的加工方案,应根据被加工孔的加工要求、尺寸、具体生产
条件、批量的大小及毛坯上有无预制孔等情况合理选用。

1) 加工精度为 IT9 级的孔,当孔径小于 10 mm 时,可采用钻—
铰方案;当孔径小于 30 mm 时,可采用钻—扩方案;当孔径大于
30 mm 时,可采用钻—镗方案。工件材料为淬火钢以外的各种金属。

2) 加工精度为 IT8 级的孔,当孔径小于 20 mm 时,可采用钻—
铰方案;当孔径小于 20 mm 时,可采用钻—扩—铰方案,此方案适
用于加工淬火钢以外的各种金属,但孔径应在 20~80 mm 之间,此
外也可采用最终工序为精镗或拉削的方案。淬火钢可采用磨削
加工。

3) 加工精度为 IT7 级的孔,当孔径小于 12 mm 时,可采用钻—

粗铰—精铰方案；当孔径在 12 mm 到 60 mm 范围时，可采用钻—扩—粗铰—精铰方案或钻—扩—拉方案。若毛坯上已铸出或锻出孔，可采用粗镗—半精镗—精镗方案或粗镗—半精镗—磨孔方案。最终工序为铰孔适用于未淬火钢或铸铁，对有色金属铰出的孔表面粗糙度较大，常用精细镗孔替代铰孔。最终工序为拉孔的方案适用于大批大量生产，工件材料为未淬火钢、铸铁和有色金属。最终工序为磨孔的方案适用于加工除硬度低、韧性大的有色金属以外的淬火钢、未淬火钢及铸铁。

4）加工精度为 IT6 级的孔，最终工序采用手铰、精细镗、研磨或珩磨等均能达到，视具体情况选择。韧性较大的有色金属不宜采用珩磨，可采用研磨或精细镗。研磨对大、小直径孔均适用，而珩磨只适用于大直径孔的加工。

（3）平面加工方法的选择

平面的主要加工方法有铣削、刨削、车削、磨削和拉削等，精度要求高的平面还需要经研磨或刮削加工。

1）最终工序为刮研的加工方案多用于单件小批生产中配合表面要求高且非淬硬平面的加工。当批量较大时，可用宽刀细刨代替刮研，宽刀细刨特别适用于加工像导轨面这样的狭长平面，能显著提高生产效率。

2）磨削适用于直线度及表面粗糙度要求较高的淬硬工件和薄片工件、未淬硬钢件上面积较大的平面的精加工，但不宜加工塑性较大的有色金属。

3）车削主要用于回转零件端面的加工，以保证端面与回转轴线的垂直度要求。

4）拉削平面适用于大批量生产中的加工质量要求较高且面积较小的平面。

5）最终工序为研磨的方案适用于精度高、表面粗糙度小的小型零件的精密平面，如量规等精密量具的表面。

（4）平面轮廓和曲面轮廓加工方法的选择

1）平面轮廓常用的加工方法有数控铣、线切割及磨削等。对如图 4-26a 所示的内平面轮廓,当曲率半径较小时,可采用数控线切割方法加工。若选择铣削的方法,因铣刀直径受最小曲率半径的限制,直径太小,刚性不足,会产生较大的加工误差。对图 4-26b 所示的外平面轮廓,可采用数控铣削方法加工,常用粗铣—精铣方案,也可采用数控线切割方法加工。对精度及表面粗糙要求较高的轮廓表面,在数控铣削加工之后,再进行数控磨削加工。数控铣削加工适用于除淬火钢以外的各种金属,数控线切割加工可用于各种金属,数控磨削加工适用于除有色以外的各种金属。

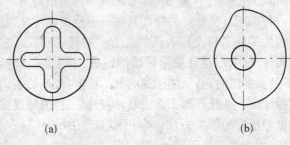

(a)   (b)

图 4-26   平面轮廓类零件

2) 立体曲面加工方法主要是数控铣削,多用球头铣刀,以"行切法"加工,如图 4-27 所示。根据曲面形状、刀具形状以及精度要求等通常采用二轴半联动或三轴半联动。对精度和表面粗糙度要求高的曲面,当用三轴联动的"行切法"加工不能满足要求时,可用模具铣刀,选择四坐标或五坐标联动加工。

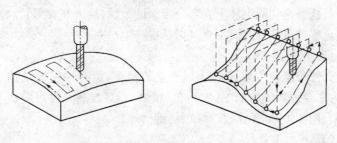

图 4-27   曲面的"行切法"加工

表面加工的方法选择,除了考虑加工质量、零件的结构形状和尺寸、零件的材料和硬度以及生产类型外,还要考虑加工的经济性。

各种表面加工方法所能达到的精度和表面粗糙度都有一个相当大的范围。当精度达到一定程度后,要继续提高精度,成本会急剧上升。例如外圆车削,将精度从Ⅳ级提高到IT6级,此时需要价格较高的金刚石车刀,很小的背吃刀量和进给量,增加了刀具费用,延长了加工时间,大大地增加了加工成本。对于同一表面加工,采用的加工方法不同,加工成本也不一样。例如,公差为Ⅳ级表面粗糙度 R_a 值为 $0.4~\mu m$ 的外圆表面,采用精车就不如采用磨削经济。

任何一种加工方法获得的精度只在一定范围内才是经济的,这种一定范围内的加工精度即为该加工方法的经济精度。它是指在正常加工条件下(采用符合质量标准的设备、工艺装备和标准等级的工人,不延长加工时间)所能达到的加工精度,相应的表面粗糙度称为经济粗糙度。在选择加工方法时,应根据工件的精度要求选择与经济精度相适应的加工方法。常用加工方法的经济精度及表面粗糙度,可查阅有关工艺手册。

2. 加工阶段的划分

当零件的加工质量要求较高时,往往不可能用一道工序来满足其要求,而要用几道工序逐步达到所要求的加工质量。为保证加工质量和合理地使用设备、人力,零件的加工过程通常按工序性质不同,可分为粗加工、半精加工、精加工和光整加工四个阶段。

(1)粗加工阶段

其任务是切除毛坯上大部分多余的金属,使毛坯在形状和尺寸上接近零件成品,因此,主要目标是提高生产率。

(2)半精加工阶段

其任务是使主要表面达到一定的精度,留有一定的精加工余量,为主要表面的精加工(如精车、精磨)做好准备。并可完成一些次要表面加工,如扩孔、攻螺纹、铣键槽等。

(3)精加工阶段

其任务是保证各主要表面达到规定的尺寸精度和表面粗糙要

求。主要目标是全面保证加工质量。

(4) 光整加工阶段

对零件上精度和表面粗糙度要求很高(IT6 级以上,表面粗糙度为 $R_a 0.2\ \mu m$ 以下)的表面,需进行光整加工,其主要目标是提高尺寸精度、减小表面粗糙度。一般不用来提高位量精度。

划分加工阶段的目的在于:

(1) 保证加工质量

工件在粗加工时,切除的金属层较厚,切削力和夹紧力都比较大,切削温度也比较高,将会引起较大的变形。如果不划分加工阶段,粗、精加工混在一起,就无法避免上述原因引起的加工误差。按加工阶段加工,粗加工造成的加工误差可以通过半精加工和精加工来纠正,从而保证零件的加工质量。

(2) 合理使用设备

粗加工余量大,切削用量大,可采用功率大,刚度好,效率高而精度低的机床。精加工切削力小,对机床破坏小,采用高精度机床。这样发挥了设备的各自特点,既能提高生产率,又能延长精密设备的使用寿命。

(3) 便于及时发现毛坯缺陷

对毛坯的各种缺陷,如铸件的气孔、夹砂和余量不足等,在粗加工后即可发现,便于及时修补或决定报废,以免继续加工下去,造成浪费。

(4) 便于安排热处理工序

如粗加工后,一般要安排去应力的热处理,以消除内应力。精加工前要安排淬火等最终热处理,其变形可以通过精加工予以消除。

加工阶段的划分也不应绝对化,应根据零件的质量要求、结构特点和生产纲领灵活掌握。对加工质量要求不高、工件刚性好、毛坯精度高、加工余量小、生产纲领不大时,可不必划分加工阶段。对刚性好的重型工件,由于装夹及运输很费时,也常在一次装夹下完成全部粗、精加工。对于不划分加工阶段的工件,为减少粗加工中产生的各种变形对加工质量的影响,在粗加工后,松开夹紧机构,停留一段时间,让工件充分变形,然后再用较小的夹紧力重新夹紧,进行精加工。

3. 工序的划分

当数控加工工艺路线设计完成后,每一道数控加工工序的内容已基本确定,接下来便可进行数控加工工序的设计。数控加工工序设计的主要任务是拟定本工序的具体加工内容、确定加工余量和切削用量、定位夹紧方式及刀具运动轨迹,选择刀具、夹具、量具等工艺装备,为编制加工程序作好充分准备。

☞ **工序的划分通常采用两种不同原则,即工序集中原则和工序分散原则。**

(1) 工序集中原则

每道工序包括尽可能多的加工内容,从而使工序的总数减少。采用工序集中原则的优点是:有利于用高效的专用设备和数控机床,提高生产效率;减少工序数目,缩短工艺路线,简化生产计划和生产组织工作;减少机床数量、操作工人数和占地面积;减少工件装夹次数,不仅保证了各加工表面间的相互位置精度,而且减少了夹具数量和装夹工件的辅助时间。但专用设备和工艺装备投资大、调整维修比较麻烦、生产准备周期较长,不利于转产。

(2) 工序分散原则

指将工件的加工分散在较多的工序内进行,每道工序的加工内容很少。采用工序分散原则的优点是:加工设备和工艺装备结构简单,调整和维修方便,操作简单,转产容易;有利于选择合理的切削用量,减少机动时间。但工艺路线较长,所需设备及工人人数多,占地面积大。

在数控机床上特别是在加工中心上加工零件,工序十分复杂,许多零件只需在一次装夹中就能完成全部工序,即更多的数控工艺路线的安排趋向于工序集中。但是一方面零件的粗加工,特别是铸锻毛坯零件的基准面、定位面等部位的加工,应在普通机床上加工完成后,再装夹到数控机床上进行加工。送样可以发挥数控机床的特点,保持数控机床的精度,延长数控机床的使用寿命,降低数控机床的使用成本。经过粗加工或半精加工的零件装夹到数控机床上之后,数控机床按照规定的工序一步一步地进行半精加工和精加工。另一方面,考虑到生产纲领、所用设备及零件本身的结构和技术要求等,单件小批量生产时,通常采用工序集中原则。成批生产时,可按工序集中原则划分,也可按工序分散原则划分,应视具体情况而定;对于结构尺寸和质量都很大的重型零件,应采用工序集中原则,以减少装夹次数和运输量。对于刚性差、精度高的零件,应按工序分散的原则划分。

数控机床与普通机床加工相比较,加工工序更加集中,根据数控机床的加工特点,加工工序的划分有以下几种方式:

(1) 根据加工内容划分工序

这种方法一般适应于加工内容不多的工件,主要是将加工部位分为几个部分,每道工序加工其中一部分。如加工外形时,以内腔夹紧;加工内腔时,以外形夹紧。

(2) 按所用刀具划分工序

为了减少换刀次数和空行程时间,可以采用刀具集中的原则划分工序,在一次装夹中用一把刀完成可以加工的全部加工部位,然后再换第二把刀,加工其他部位。在专用数控机床或加工中心上大多采用这种方法。

(3) 以粗、精加工划分工序

对易产生加工变形的零件,考虑到工件的加工精度,变形等因素,可按粗、精加工分开的原则来划分工序,即先粗后精。

总之,在工序的划分中,要根据工件的结构要求、工件的安装方式、工件的加工工艺性、数控机床的性能以及工厂生产组织与管理等因素灵活掌握,力求合理。

在选择好毛坯,拟定出机械加工工艺路线之后,就可以确定加工余量并计算各工序的工序尺寸。余量大小与加工成本、质量有密切关系。余量过小,会使前一道工序的缺陷得不到修正,造成废品,从而影响加工质量和成本。余量过大,不仅浪费材料,而且要增加切削工时,增大刀具的磨损与机床的负荷,从而使加工成本增加。

4. 加工余量的选择

加工余量指毛坯实体尺寸与零件(图纸)尺寸之差。加工余量的大小对零件的加工质量和制造的经济性有较大的影响。余量过大会浪费原材料及机械加工工时,增加机床、刀具及能源的消耗;余量过小则不能消除上工序留下的各种误差、表面缺陷和本工序的装夹误差,容易造成废品。因此,应根据影响余量的因素合理地确定加工余量。零件加工通常要经过粗加工、半精加工、精加工才能达到最终要求。因此,零件总的加工余量等于中间工序加工余量之和。

(1) 工序间加工余量的选择原则

1) 采用最小加工余量原则,以求缩短加工时间,降低零件的加工费用。

2) 应有充分的加工余量,特别是最后的工序。

(2) 在选择加工余量时,还应考虑的情况

1) 由于零件的大小不同,切削力、内应力引起的变形差异,工件大,变形增加,加工余量相应地大一些。

2) 零件热处理时引起变形,应适当增大一点加工余量。

3) 加工方法、装夹方式和工艺装备的刚性可能引起的零件变形,过大的加工余量会由于切削力增大引起零件的变形。

(3) 确定加工余量的方法

1) 查表法。根据各工厂的生产实践和实验研究积累的数据,先制成各种表格,再汇集成手册。确定加工余量时查阅这些手册,再结合工厂的实际情况进行适当修改后确定。目前,我国各工厂普遍采用查表法。

2) 经验估算法。根据工艺编制人员的实际经验确定加工余量。一般情况下,为了防止因余量过小而产生废品,故经验估算法的数值总是偏大。经验估算法常用于单件小批量生产。

3) 分析计算法。根据一定的试验资料数据和上述的加工余量计算公式,分析影响加工余量的各项因素,并计算、确定加工余量。

这种方法比较合理,但必须有比较全面和可靠的试验资料数据。目前,只在材料十分贵重,以及少数大量生产的工厂采用。

5. 加工顺序的安排

在选定加工方法、划分工序后,工艺路线拟定的主要内容就是合理安排这些加工方法和加工工序的顺序。这些工序的顺序直接影响到零件的加工质量、生产效率和加工成本。加工顺序的安排应根据零件的结构和毛坯状况,结合定位和夹紧的需要一起考虑,应保证工件的刚度不被破坏,尽量减少变形。

(1) 切削加工工序的安排原则

1) 基面先行原则

用作精基准的表面应优先加工出来,因为定位基准的表面越精确,装夹误差就越小。例如轴类零件加工时,总是先加工中心孔,再以中心孔为精基准加工外圆表面和端面。又如箱体类零件总是先加工定位用的平面和两个定位孔,再以平面和定位孔为精基准加工孔系和其他平面。

2) 先粗后精原则

各个表面的加工顺序按照粗加工—半精加工—精加工—光整加工的顺序依次进行,逐步提高表面的加工精度和减小表面粗糙度。

3) 先主后次原则

零件的主要工作表面、装配基面应先加工,从而能及早发现毛坯中主要表面可能出现的缺陷。次要表面可穿插进行,放在主要加工表面加工到一定程度后,最终精加工之前进行。

4) 先面后孔原则

对箱体、支架类零件,平面轮廓尺寸较大,一般先加工平面,再加工孔和其他尺寸,这样安排加工顺序,一方面用加工过的平面定位,稳定可靠;另一方面在加工过的平面上加工孔,比较容易,并能提高孔的加工精度,特别是钻孔,孔的轴线不易偏斜。

5) 先内后外原则

即先进行内型内腔加工工序,后进行外形加工工序。

（2）数控加工工序与普通工序的衔接

通常，一个零件的制造过程通常都是由数控加工和常规机械加工组合而成的，数控加工工序前后一般都穿插有其他常规加工工序，如衔接不好就容易产生矛盾。因此要解决好数控工序与非数控工序之间的衔接问题，在工艺设计中一定要兼顾数控加工和常规工序，将两者进行合理的安排，使之与整个工艺过程协调吻合。

最好的办法是建立相互状态要求，例如：要不要为后道工序留加工余量，留多少；定位面与孔的精度要求及形位公差等。其目的是达到相互能满足加工需要，且质量目标与技术要求明确，交接验收有依据。

数控加工工艺是不能与常规加工截然分开的。对于比较复杂的零件，数控工艺流程中可能穿插较多的常规加工工序，所涉及的常规工艺的种类也会更多。这就要求数控工艺员要具备良好而全面的工艺知识。

6. 数控机床加工工序和加工路线的设计

数控机床加工工序设计的主要任务：确定工序的具体加工内容、切削用量、工艺装备、定位安装方式及刀具运动轨迹，为编制程序作好准备。其中加工路线的设定是很重要的环节，加工路线是刀具在切削加工过程中刀位点相对于工件的运动轨迹，它不仅包括加工工序的内容，也反映加工顺序的安排，因而加工路线是编写加工程序的重要依据。

（1）确定加工路线的原则

1）加工路线应保证被加工工件的精度和表面粗糙度；

2）设计加工路线要减少空行程时间，提高加工效率；

3）简化数值计算和减少程序段，降低编程工作量；

4）根据工件的形状、刚度、加工余量、机床系统的刚度等情况，确定循环加工次数；

5）合理设计刀具的切入与切出方向。采用单向趋近定位方法，避免传动系统反向间隙而产生的定位误差；

6）合理选用铣削加工中的顺铣或逆铣方式，一般来说，数控机床采用滚珠丝杠,运动间隙很小,因此顺铣优点多于逆铣。

(2) 数控车床加工路线

1) 端面和外圆加工路线

数控车床车削端面加工路线如图 4-28 所示 $A - B - O_p - D$,其中 A 为换刀点,B 为切入点,$C - O_p$ 为刀具切削轨迹,O_p 为切出点,D 为退刀点。

数控车床车削外圆的加工路线如图 4-29 所示 $A - B - C - D - E - F$,其中 A 为换刀点,B 为切入点,$C - D - E$ 为刀具切削轨迹,E 为切出点,F 为退刀点。

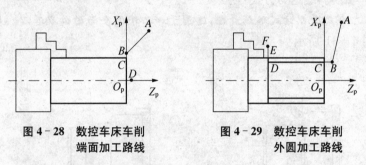

图 4-28 数控车床车削
端面加工路线

图 4-29 数控车床车削
外圆加工路线

2) 螺纹加工走刀路线

在数控车床上车螺纹时,沿螺距方向的 Z 向进给应和车床主轴的旋转保持严格的速比关系,因此应避免在进给机构加速或减速的过程中切削。为此要有引入距离 δ_1 和超越距离 δ_2。如图 4-30 所示,δ_1 和 δ_2 的数值与车床拖动系统的动态特性、螺纹的螺距和精度有关。一般 δ_1 为 2~5 mm,对大螺距和高精度的螺纹取大值;δ_2 一般取 δ_1 的 1/4 左右。若螺纹收尾处没有退刀槽时,收尾处的形状与数控系统有关,一般按 45°退刀收尾。

3) 确定退刀路线

数控机床加工过程中,为了提高加工效率,刀具从起始点或换刀点运动到接近工件部位及加工完成后退回起始点或换刀点是以指令 G00 的方式(快速)运动的。根据刀具加工零件部位的不同,退刀的路线确定方式也不同,车床数控系统提供三种退刀方式。

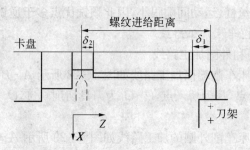

图 4-30 切削螺纹时引入量和超越量

① 斜线退刀方式

☞　　斜线退刀方式路线最短,适用于加工外圆表面的偏刀退刀。如图 4-31 所示。

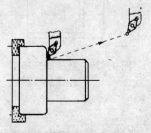

图 4-31 斜线退刀方式

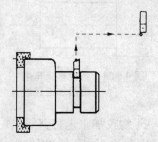

图 4-32 径—轴向退刀方式

② 径—轴向退刀方式

☞　　这种退刀方式刀具先径向垂直退刀,到达指定位置时再轴向退刀。如图 4-32 所示。切槽即采用这种退刀方法。

③ 轴—径向退刀方式

☞

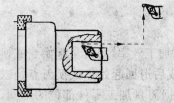

图 4-33 轴—径向退刀方式

　　轴—径向退刀方式的顺序与径—轴向退刀方式恰好相反。如图 4-33所示。镗孔即采用此种退刀方式。

4) 换刀

① 设置换刀点

数控车床的刀盘结构有两种,一是刀架前置,其结构同普通车床相似,经济型数控车床多采用这种结构;另一种是刀盘后置,这种结构是中高档数控车床常采用的。

换刀点是一个固定的点,不随工件坐标系的位置改变而发生位置变化。换刀点最安全的位置是换刀时刀架或刀盘上的任何刀具不与工件发生碰撞的位置。如工件在第三象限,刀盘上所有刀具在第一象限。换句话说换刀点轴向位置(Z 轴)由轴向最长的刀具(如内孔镗刀、钻头等)确定;换刀点径向位置(X 轴)由径向最长刀具(如外圆刀、切刀等)决定。

这种设置换刀点方式的优点是安全、简便,在单件及小批量生产中经常采用;缺点是增加了刀具到工件加工表面的运动距离,降低了加工效率,机床磨损也加大,大批量生产时往往不采用这种设置换刀点的方式。

② 跟随式换刀

每把刀有其各自不同的换刀位置。这里应遵循的原则是:第一,确保换刀时刀具不与工件发生碰撞;第二,力求最短的换刀路线,即采用所谓的"跟随式换刀"。

跟随式换刀不使用机床数控系统提供的回换刀点的指令,而使用 G00 快速定位指令。这种换刀方式的优点是能够最大限度地缩短换刀路线,但每一把刀具的换刀位置要经过仔细计算,以确保换刀时刀具不与工件碰撞。跟随式换刀常应用于被加工工件有一定批量、使用刀具数量较多、刀具类型多、径向及轴向尺寸相差较大时。

另外跟随式换刀可以实现一次装夹加工多个工件,如图 4 - 34 所示。此时若采用固定换刀点换刀,工件会离换刀点越来越远,使空走刀路线增加。

跟随式换刀时,每把刀具有各自的换刀点,设置换刀点时只考虑换下一把刀具是否与工件发生碰撞,而不用考虑刀盘上所有刀具是否与工件发生碰撞,即换刀点位置只参考下一把刀具,但这样做的前提是刀盘上的刀具是按加工工序顺序排列的。

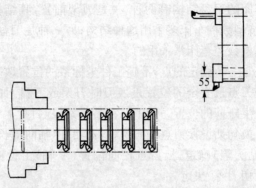

图 4 - 34 跟随式换刀

（3）数控铣床加工路线的确定

铣削是铣刀旋转作主运动，工件或铣刀作进给运动的切削加工方法。采用合适的铣削方式有利于铣削过程平稳，提高表面质量、铣刀耐用度及铣削生产率。

1）平面铣削

铣削平面零件时，一般采用立铣刀侧刃进行切削。因刀具的运动轨迹和方向不同，可能是顺铣或逆铣，其不同的加工路线所得的零件表面质量不同。逆铣时，每个刀的切削厚度都是由小到大逐渐变化的，如图 4 - 35 所示。顺铣时切削厚度是由大到小逐渐变化的，如图 4 - 36 所示。在相同的切削条件下，采用逆铣时，由于刀齿需在前一刀齿留下的切削表面上滑过一段距离，切削厚度达到一定数值后，刀齿才真正开始切削，因此刀具易磨损；此外刀齿与工件间的摩擦较大，造成已加工表面的冷硬现象较严重。

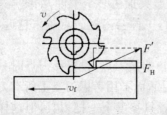

图 4 - 35 逆铣

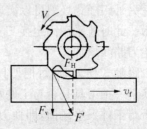

图 4 - 36 顺铣

顺铣时,平均切削厚度大,切削变形较小,与逆铣相比较功率消耗要少些(铣削碳钢时,功率消耗可减少 5%,铣削难加工材料时可减少 14%),但由于水平铣削力的方向与工件进给运动方向一致,当刀齿对工件的作用力较大时,工作台丝杆与螺母间间隙的存在,工作台会产生窜动,这样不仅破坏了切削过程的平稳性,影响工件的加工质量,而且严重时会损坏刀具。

目前,数控机床通常具有间隙消除机构,能可靠地消除工作台进给丝杆与螺母间的间隙,可防止铣削过程中产生的振动。因此对于工件毛坯表面没有硬皮,工艺系统具足够的刚性的条件下,数控铣削加工应尽量采用顺铣,特别是对难加工材料的铣削。铣削平面零件时,切削前的进刀方式需要也必须考虑。切削前的进刀方式有两种形式:一种是垂直方向进刀,另一种是水平方向进刀。

立铣刀侧刃铣削平面零件外轮廓时避免沿零件外轮廓的法向切入和切出,如图 4-37 所示,应沿着外轮廓曲线的切向延长线切入或切出,这样可避免刀具在切入或切出时产生的刀刃切痕,保证零件曲面的平滑过渡。当铣削封闭内轮廓表面时,刀具也要沿轮廓线的切线方向进刀与退刀,如图 4-38 所示,$A-B-C$ 为刀具切向切入轮廓轨迹路线,$C-D-C$ 为刀具切削工件封闭内轮廓轨迹,$C-E-A$ 为刀具切向切出轮廓轨迹路线。

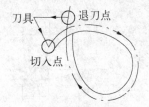

图 4-37 外轮廓铣削的加工路线

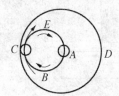

图 4-38 内轮廓铣削的加工路线

2) 立铣刀轴向下刀路线

采用方肩铣刀,铣削平面轮廓工件时,数控铣削一般采用分层切削,即分层切除加工余量,切削中从工件上一切削层进入下一层时要求铣刀沿轴向切削。对于中心切削立铣刀可以沿轴线切入工件;在刀具端面有中心孔或切口的立铣刀,不具备钻孔功能,此种立铣刀一般一次钻孔深度不大于 0.5 mm。

当工件加工的边界开敞时,应从工件坯料的边界外下刀、进刀和退刀。当加工工件内廓形时,立铣刀须沿其轴线方向的下刀切入工件实体,此时要考虑刀具如何切入工件(下刀方式)、以及切入位置(下刀点),常用的轴向下刀方法如下。

① 在工件上预制孔,沿孔直线下刀

在工件上立铣刀轴向下刀点的位置,预制一个比立铣刀直径大的孔,立铣刀的轴向从已加工的孔引入工件,然后从刀具径向切入工件。此方法需要多用一把刀具(钻头),不推荐使用。

② 啄钻切入下刀

中心切削立铣刀可以在工件的两个切削层之间钻削切入,层间深度与刀片尺寸有关,一般为 0.5~1.5 mm。如图 4-39a 所示。

③ 按螺旋线的路线切入工件——螺旋下刀

立铣刀从工件的上一层沿螺旋线切入到下一层位置,螺旋线半径尽量取大一些,这样切入的效果会更好。刀具轨迹如图 4-39b 所示。

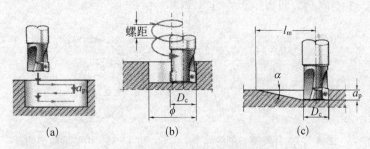

图 4-39 立铣刀下刀方式

④ 按具有斜度的走刀路线切入工件——坡走下刀

在工件的两个切削层之间,立铣刀从上一层的高度沿斜线切入工件到下一层位置。刀具轨迹如图 4-39c 所示。背吃刀量应小于刀片尺寸,坡的角度 α 算式如下。

$$\tan\alpha = a_{\mathrm{p}}/l_{\mathrm{m}}$$

式中：a_{p}——背吃刀量；

l_{m}——坡的长度。

3）立铣刀径向进刀和退刀（切入、切出工件）路线

① 切入工件的进刀量、切出工件的退刀量

刀具走刀中的进给运动,开始时要加速,快接近停止时要减速,在加速和减速的过程中,刀具运动不平稳,所以在加速和减速过程中不应切削工件,而应在刀具达到匀速进给时再切削工件。为此,刀具进入切削前要安排进刀量和退刀量,即为避开加速和减速过程必须附加一小段行程长度,使刀具在切入过程中完成加速,达到匀速状态,而当刀具离开工件后在切出中减速停止。例如在已加工面上钻孔、镗孔,进刀量取 1～3 mm。在未加工面上钻孔、镗孔,进刀量取 5～8 mm 等等。

② 沿工件加工表面切向进刀和退刀

铣削过程中,用立铣刀侧刃精加工曲面时,如果刀具沿工件曲面法向切入,则刀具必须在切入点转向,此时进给运动有暂短停顿,使加工表面的切入点处产生明显刀痕。沿工件加工表面切向进刀切入工件,刀具的切入运动与切削进给运动连续,可避免在加工表面产生刀痕。同样原因,切出工件进给也是如此。

所以精铣削轮廓表面时,应避免沿加工表面法向切入工件和法向切出工件,而应沿加工表面切向进刀和退刀。这样可以使进给运动连续,能保证加工表面光滑连接。

③ 直线进刀、对刀路线

采用与工件轮廓曲面相切的直线段路线进刀、退刀。如图 4 - 40(a)所示,切削外表面轮廓时,为减少刀痕迹,保证零件表面质量,铣刀的切入点和切出点应沿零件轮廓曲线的延长线切入和切出零件表面。如图 4 - 41a 所示,为外部轮廓为直线时的加工路线。

④ 圆弧段进、退刀路线

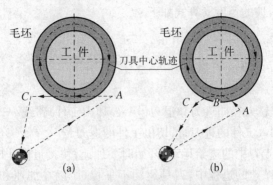

图 4 - 40　铣削外圆时加工路线图

A—切入点；B—相切点；C—切出点

　　避免加工表面在刀具转向处将留下刀痕的另一种进刀方法：采用与工件轮廓曲面相切的四分之一圆的圆弧段进刀和退刀，使圆弧段与切削轨迹相切。如图 4 - 40b 所示。此时要求进、退刀的圆弧段的半径大于铣刀直径的两倍。如图 4 - 41b 所示，为外部轮廓为直线时的加工路线。

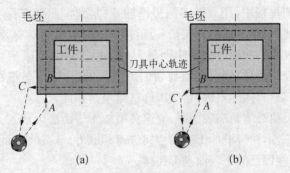

图 4 - 41　铣削外部轮廓为直线时加工路线

A—切入点；B—相切点；C—切出点

4）型腔的加工路线

　　对于型腔的粗铣加工，一般应先钻一个工艺孔至型腔底面（留一定精加工余量），并扩孔，以便所使用的立铣刀能从工艺孔进刀，进行型腔粗加工，图 4 - 42a、b 所示分别为用行切法加工和环切法加工凹槽的走刀路线;图4-42c所示为先用行切法,最后环切一刀光整轮廓表面。三种方案中,图4-42a方案最差,图4-42c方案最好。

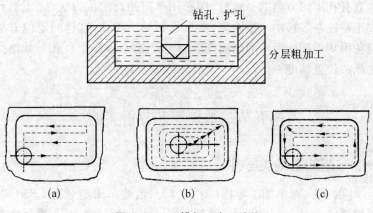

钻孔、扩孔

分层粗加工

(a)　　　　　　　　(b)　　　　　　　　(c)

图4-42　凹槽加工走刀路线

5)安全高度的确定

对于铣削加工,起刀点和退刀点必须离开加工零件上表面一个安全高度,保证刀具在停止状态时,不与加工零件和夹具发生碰撞。在安全高度位置时刀具中心(或刀尖)。所在的平面也称为安全面,如图4-43所示。

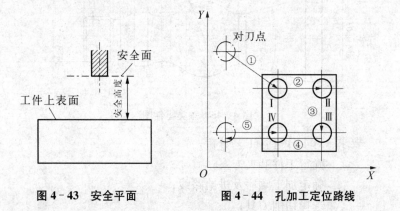

安全面

工件上表面

安全高度

图4-43　安全平面

对刀点

图4-44　孔加工定位路线

6) 孔加工定位路线

合理安排孔加工定位路线能提高孔的位置精度,如图 4-44 所示,在 XY 平面内加工Ⅰ、Ⅱ、Ⅲ、Ⅳ四孔,安排孔加工路线时一定要注意各孔定位方向的一致性,即采用单向趋近定位方法,完成Ⅲ孔加工后往左多移动一段距离,然后返回加工Ⅳ孔,这样的定位方法避免因传动系统反向间隙而产生的定位误差,提高了Ⅳ孔与其他孔之间的位置精度。

第五节　数控工艺分析实例

一、车削加工轴类零件

[例1]　车削加工零件(图 4-45),数控车床型号为 CK6150,数控系统为 Fanuc OT-C,工件毛坯尺寸为 $\phi24\times100$,工件材料为 45 钢。

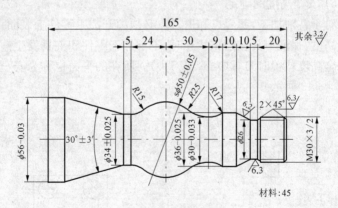

图 4-45　轴类零件图

要求：对工件进行工艺分析；

确定工件装夹方案；

确定加工顺序及进给路线；

选择切削刀具；

选择切削用量。

1. 工件的工艺分析

该零件表面由圆柱、圆锥、顺圆弧、逆圆弧以及螺纹等表面组成,零件图尺寸标注完整,加工要求明确,零件材料为 45 钢,比较容易切削加工。

2. 工件装夹方案

设定零件的轴线为定位基准,以工件右端面与零件轴线的交点为工件坐标系的原点,左端采用三爪自定心卡盘定心夹紧。

3. 加工顺序及进给路线

加工顺序按由粗到精、由近到远的原则确定。先车削加工工件右端面后车削加工工件外圆,从右到左进行粗车(留 0.3～0.2 mm精车余量),然后从右到左进行精车,最后车削螺纹。CK6150 数控车床 Fanuc - OTC 系统的循环指令能以设定的切削参数和进刀路线对零件表面轮廓进行粗、精加工(图 4 - 46)。

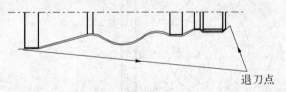

退刀点

图 4 - 46　车削加工路线

4. 选择切削刀具

选择切削刀具查表 4 - 3 至表 4 - 10,车削零件端面和外圆时,粗车的刀具夹固系统采用压孔式 2 级,可转位刀片型号为VAMT120408RPF,刀片牌号为 YB235;精车的刀具夹固系统采用压孔式 5 级,可转位刀片型号为 VCGT120404RPF,刀片牌号为YB235;车削螺纹时刀具夹固系统采用压孔式 5 级,可转位刀片型号为 TCGT120404RPF,刀片牌号为 YB235。

5. 选择切削用量

吃刀深度:粗车时 $a_p = 3$ mm;精车时 $a_p = 0.25$ mm。

主轴转速:车削直线和圆弧轮廓时,根据零件材料与加工要求查

表 4-1,粗车切削速度 $v_c = 90$ m/min,精车切削速度 $v_c = 120$ m/min,按公式 $v_c = \pi dn/1\,000$,计算粗车主轴转速 $n = 500$ r/min,精车主轴转速 $n = 1\,200$ r/min。车削螺纹主轴转速:按公式 $n \leqslant (1\,200/p) - k$,计算主轴转速 $n = 320$ r/min。

进给速度:根据零件材料与加工要求查表 4-2,粗车时进给量 $f = 0.4$ mm/r,精车时进给速度 $f = 0.15$ mm/r,经换算得进给量:粗车 $v_f = 200$ mm/min,精车 $v_f = 180$ mm/min。根据图纸加工要求,螺纹车削进给速度 $f = 3$ mm/r。

二、铣削平面凸轮零件

[例 2] 铣削加工平面凸轮零件(图 4-47),数控铣床型号为 XK5040,数控系统为 Fanuc 0M-C。

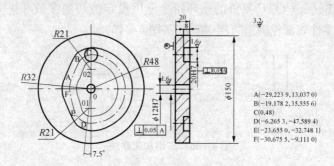

A(−29.223 9, 13.037 0)
B(−19.178 2, 35.555 6)
C(0,48)
D(−6.265 3, −47.589 4)
E(−23.655 0, −32.748 1)
F(−30.675 5, −9.111 0)

图 4-47　平面凸轮零件

要求:对工件进行工艺分析
　　　确定工件装夹方案
　　　加工顺序及进给路线
　　　选择切削刀具
　　　选择切削用量

1. 工件的工艺分析

凸轮轮廓由圆弧 BC、CD、DE、FA 和直线 AB、EF 所组成,工件材料为铝,比较容易切削加工。该工件在铣削加工前已经加工好两端面和孔ϕ12H7,设定底面 A 和孔ϕ12H7 轴线为定位基准。要求 A 面与铣床主轴轴线垂直,孔ϕ12H7 与铣床主轴轴线平行,从而保证凸轮槽轮廓面对 A 面的垂直度以及加工时的尺寸与位置精度。

2. 工件装夹方案

由于该零件为小型凸轮,宜采用心轴定位,螺栓压紧即可。设定工件上表面与孔ϕ12H7 轴线的交点为工件坐标系的原点。

3. 加工顺序及进给路线

该凸轮的加工路线包括深度切入进给和平面切削,切削加工时当刀具至指定深度后,刀具在 XY 平面内运动,铣削凸轮轮廓。

4. 选择刀具及切削用量

1) 选择切削刀具

铣削刀具和刀具材料主要根据零件材料的切削加工性、工件表面几何形状和尺寸大小选择,由于零件材料为铝,切削加工性能较好。可采用整体式 JT-MW 型刀具系统,选用ϕ10 mm 的硬质合金键槽铣刀。

2) 选择切削用量

依据零件材料铝的切削性能,硬质合金刀具材料的特性及加工精度要求确定切削用量。凸轮槽深 8 mm,分 2 次切削加工。槽深留 1 mm 精铣余量,凸轮两侧面各留 1 mm 精铣余量;切削速度和进给速度的选择应考虑刀具的工作效率和寿命,粗铣时主轴转速取 500 r/min,进给速度取 50 mm/min,精加工前,检测零件几何尺寸,依据检测结果决定刀具长度和刀具半径的偏置量,精铣时主轴转速取 1 000 r/min,铣刀进给速度取 25 mm/min,保证尺寸精度和表面质量符合图纸的加工要求。

三、铣削三维曲面零件

例题:铣削加工三维曲面零件(图 4-48)(零件尺寸根据练习毛坯自定)。

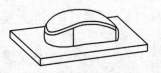

图 4-48 三维曲面零件

要求:对工件进行工艺分析;

    确定工件装夹方案；

    加工顺序及进给路线；

    选择切削刀具；

    选择切削用量。

1. 工件的工艺分析

图 4-68 所示，三维工件由曲面和平面所组成，工件材料为铝合金。该工件底面已经精加工并有安装螺孔，因此选底面为定位基准。

2. 工件装夹方案

利用工件底面安装螺孔把工件紧固在平板上。校正工件后固定平板。

3. 加工顺序及进给路线

该三维工件的加工路线为 X、Y、Z 三轴联动进给。

4. 选择刀具及切削用量

(1) 选择切削刀具

铣削刀具和刀具材料主要根据零件材料的切削加工性、工件表面几何形状和尺寸大小选择，由于零件材料为铝合金，所以选择高速钢键槽铣刀和高速钢球头刀作为粗精加工刀具。

(2) 选择切削用量

依据零件材料、刀具材料、加工精度、机床性能等确定切削用量。例如：粗铣时主轴转速取 500 r/min，深 2 mm，分 10 次切削加工。留 1 mm 精铣余量，切削速度和进给速度的选择应考虑刀具的工作效率和寿命，进给速度取 50 mm/min。精加工前，检测零件几何尺寸，依据检测结果决定刀具长度和刀具半径的偏置量，精铣时主轴转速取 1 000 r/min，铣刀进给速度取 25 mm/min，保证尺寸精度和表面质量符合图纸的加工要求。

⋯[⋯ 思 考 与 练 习 ⋯]⋯

1. 简述数控机床对刀具的要求。

2. 常用车刀有哪些类型及用途？
3. 数控铣刀有哪些类型？
4. 工序的划分通常采用哪两种不同原则？
5. 简述加工顺序的安排。

第5章 数控机床的编程及基本指令

本章主要介绍数控机床的编程的基本知识,包括数控机床的坐标系及坐标系的确定方法,详细介绍了分析了数控编程的各基本指令及应用。

第一节 坐标系及工作台

一、坐标系

普通机床的加工是由人工手动操作完成的,数控机床的加工是由数控程序控制的,数控程序记录刀具的运动轨迹要借助于坐标系。在数控机床加工程序过程中,为了确定刀具与工件的相对位置,必须通过机床参考点和坐标系描述刀具的运动轨迹。建立坐标系有利于数控编程加工的应用。在国际 ISO 标准中,数控机床坐标轴和运动方向的设定均已标准化,目前我国执行的 JB3052—82 标准与国际 ISO 标准等效。

1. 数控机床坐标系

为了确定机床的运动方向和移动距离,需要在机床上建立一个坐标系,这就是机床坐标系,它是机床上固有的坐标系。

机床坐标和运动方向按以下原则规定:

(1) 刀具相对于静止工件而运动

这个原则规定不论数控机床是刀具运动还是工件运动,编程时均以刀具的运动轨迹来编写程序,这样可按零件图的加工轮廓直接确定数控机床的加工过程。

(2) 标准坐标系的规定,标准坐标系是一个直角坐标系

如图 $5-1a$ 所示,按右手直角坐标系规定,右手的拇指、食指和中指分别代表 X、Y、Z 三根直角坐标轴的方向;如图 $5-1b$ 所示,旋转方向按右手螺旋法则规定,四指顺着轴的旋转方向,拇指与坐标轴同方向为轴的正旋转,反之为轴的反旋转,图中 A、B、C 分别代表围绕 X、Y、Z 三根坐标轴的旋转方向。

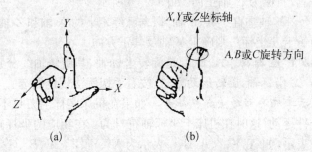

(a)   (b)

图 $5-1$ 右手直角笛卡儿坐标系

(3) 刀具与工件的间距增大的方向规定为轴的正方向,反之为轴的反方向

如图 $5-2$、$5-3$ 所示。

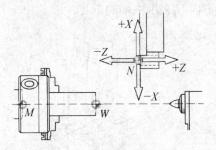

图 $5-2$ 车床上的坐标系

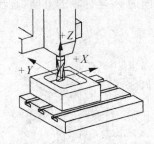

图 $5-3$ 立式铣床上的坐标系

二、机床坐标轴的确定方法

机床坐标系的各个坐标轴与机床导轨平行。判断机床坐标轴

的顺序是首先定 Z 轴,然后定 X 轴,最后根据右手法则定 Y 轴。

☞ Z **轴**。其中数控机床的 Z 轴为平行机床的主轴方向,刀具远离工件的方向为 Z 轴正向,对于镗铣类机床,机床主运动是刀具回转,钻入工件方向为 Z 轴的负方向,退出工件的方向为 Z 轴的正方向。

☞ X **轴**。X 轴一般是水平的、平行于工件装夹面,对于立式数控镗铣床(Z 轴是垂直的),从主轴向立柱的方向看,右侧为 X 轴正向,如图 5-5 所示,对于卧式镗铣床(Z 轴是水平的),沿刀具主轴后端向工件看,右侧为 X 轴正向,如图 5-6 所示。

☞ Y **轴**。Y 轴垂直于 X、Z 轴,根据已经定下的 X 轴和 Z 轴,按右手直角笛卡儿坐标法则确定 Y 轴及其正方向。

☞ A、B、C **坐标轴**。A、B、C 是旋转坐标轴,其旋转轴线分别平行于 X、Y、Z 坐标轴,旋转运动方向,按右手螺旋法规定确定。

☞   **表示工件运动的坐标轴符号**。如果在机床实体上刀具不运动,而是工件运动,这时在机床上坐标轴符号为:在相应的坐标轴字母上加撇表示,如 X、Y、Z、A、B、C 表示为 X'、Y'、Z'、A'、B'、C' 等。显然带撇字母表示工件运动,工件运动正向与刀具运动坐标轴的正向相反。

1. 车床坐标系

如图 5-4 所示,Z 坐标轴与车床的主轴同轴线,刀具横向运动方向为 X 坐标轴的方向,旋转方向 C 表示主轴的正转。

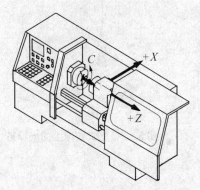

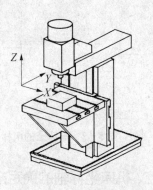

图 5-4   数控车床   图 5-5   立式数控铣床

2. 立式铣床坐标系

如图 5-5 所示,Z 坐标轴与立式铣床的直立主轴同轴线,面对主轴,向右为 X 坐标轴的正方向,根据右手直角坐标系的规定确定 Y 坐标轴的方向朝前。

3. 卧式铣床坐标系

如图 5-6 所示,Z 坐标轴与卧式铣床的水平主轴同轴线,面对主轴,向左为 X 坐标轴的正方向,根据右手直角坐标系的规定确定 Y 坐标轴的方向朝上。

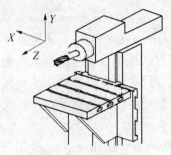

图 5-6 卧式数控铣床

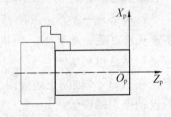

图 5-7 数控车床工件坐标系

4. 工件坐标系

工件坐标系(亦称编程坐标系)。加工中刀具位置由坐标值表示,对零件进行数学处理时,需要在零件图样上设定坐标系,称为工件坐标系。编程时使用的坐标尺寸字是工件坐标系的坐标值,工件坐标系就是编程坐标系。设定工件坐标系是为了编程方便。设置工件坐标系原点的原则尽可能选择在工件的设计基准和工艺基准上,工件坐标系的坐标轴方向与机床坐标系的坐标轴方向保持一致。在数控车床中,如图 5-7 所示,原点 O_p 点一般设定在工件的右端面与主轴轴线的交点上。在数控铣床中,如图 5-8 所示,Z 轴的原点一般设定在工件的上表面,对于非对称工件,X、Y 轴的原点一般设定在工件的左前角上;对于对称工件,X、Y 轴的原点一般设定在工件对称轴的交点上。

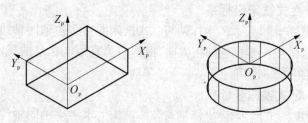

图 5 - 8　数控铣床工件坐标系

三、数控编程的特征点

1. 机床原点

☞　机床上的一个作为基准的特定点称为机床零点，机床制造厂对每台机床设置机床零点。用机床零点的位置设置的坐标系称为机床坐标系。机械零点一般是不能改变的。通常数控铣床的机械零点定在 X、Y、Z 轴的正向极限位置，加工中心的机械零点在机床上的自动换刀的位置。

机械零点与机床坐标系原点之间有准确的相对位置，机床回到机械零点，就可确定刀具在机床坐标系中的坐标，建立起机床坐标系。在机床通电之后执行手动返回参考点，设置机床坐标系，机床坐标系一旦设定就保持不变直到电源关掉为止。

在没有绝对编码器的机床上，接通机床电源后需要通过手动回机床零点操作（或称返回参考点），在数控系统内建立机床坐标系，然后才可以进行其他操作。在采用绝对编码器为检测元件的机床上，由于能够设定、记忆绝对原点位置，所以机床开机后即自动建立机床坐标系。

2. 机床参考点

☞　机床参考点是机床坐标系中一个固定不变的位置点。又称机械原点(**R**)，是用于对机床工作台、滑板与刀具相对运动的测量系统进行标定和控制的点。机床参考点通常设置在机床各轴靠近正向极限的位置，通过减速行程开关粗定位而有零位点脉冲精密定位。

3. 程序原点

工件坐标系原点也称为程序原点。为便于坐标尺寸计算,有利于保证加工精度,程序原点通常选定在零件的设计基准上,为方便工件的找正,Z轴通常设定在工件的顶面。当采用零件设计基准为程序原点不便于工件的找正时,也可以把程序原点设置在夹具上的某一点或其他方便工件定位找正的位置。

数控机床上坐标轴就是机床导轨,在机床上装夹工件,应根据机床导轨找正工件,使工件坐标轴与机床坐标轴方向一致。

4. 对刀点

对刀点就是在数控加工时,刀具相对于工件运动的起点,程序就是从这一点开始的,对刀点也可叫程序起点或起刀点。选择对刀点的原则如下:

1) 对刀点的位置选定,应使程序编制简单;
2) 对刀点在机床上容易找正;
3) 加工过程中检查方便;
4) 引起的加工误差小。

对刀点可以设在被加工零件上,也可设在夹具上,但是必须与零件的定位基准有一定的坐标尺寸关系,这样才能保证确定机床坐标系与零件坐标系的相互关系。为了提高零件的加工精度,对刀点应尽量选在零件的设计基准或工艺基准上。如以孔定位的零件,对刀点设孔的中心点上比较合适,这样既便于测量又能减少误差。

对刀点不仅是程序的起点,往往也是程序的终点。故在批量生产中,要考虑对刀的重复精度。通常,刀具在加工一段时间后或每次机床启动时,都要进行一次刀具回机床原点或参考点的操作,以减少对刀点累积误差的产生。

四、绝对坐标和相对坐标

1. 绝对坐标表示法

将刀具运动位置的坐标值表示为相对于坐标原点的距离,这种坐标的表示法称之为绝对坐标表示法。如图 5-9 所示。大多数的数控系统都以 G90 指令表示使用绝对坐标编程。

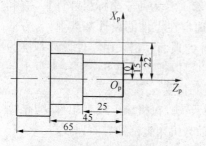

图 5-9　绝对坐标表示法

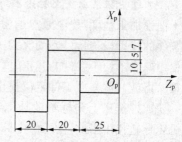

图 5-10　相对坐标表示法

2. 相对坐标表示法

　　将刀具运动位置的坐标值表示为相对于前一位置坐标的增量，即为目标点绝对坐标值与当前点绝对坐标值的差值，这种坐标的表示法称之为相对坐标表示法。如图 5-10 所示。

　　有的数控系统用 X、Y、Z 表示绝对坐标代码，用 U、V、W 表示相对坐标代码。在一个加工程序中可以混合使用这两种坐标表示法编程。

第二节　数控车床编程及基本指令

　　根据数控加工原理，按工件图纸的技术和加工要求，用数控机床规定的格式和标准的指令，把工件的工艺过程、工艺参数及其辅助操作，按动作顺序编成加工程序，然后输入数控系统，通过伺服系统控制刀具切削工件。由此可见，数控加工工艺在编写程序中是何等的重要。

一、数控车床编程基础

1. 编程的一般步骤

（1）分析零件图样

通过零件图样对零件材料、形状、尺寸、精度以及毛坯形状和热处理进行分析,以便确定该零件是否适合在数控机床上加工,或者适合在哪种数控机床上加工。

(2) 确定工艺过程

数控机床与普通机床的加工工艺有许多相似之处,通过对工件进行工艺分析,拟定加工工艺路线,划分加工工序;选择机床、夹具和刀具;确定定位基准和切削用量。不同之处主要体现在控制方式上,前者操作者把加工工艺过程、工艺参数等操作步骤编成程序,记录在控制介质上,通过数控系统控制数控机床对工件切削加工,后者则由操作工人根据加工工艺操作机床对工件进行切削加工。

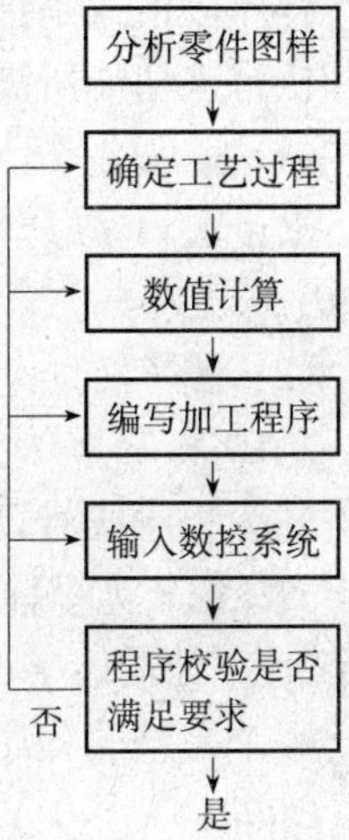

(3) 计算刀具轨迹坐标值

为方便编程和计算刀具轨迹坐标值,先设定工件坐标系,随后根据零件的形状和尺寸计算零件待加工轮廓上各几何元素的起点、终点坐标以及圆和圆弧的起点、终点和圆心坐标,从而确定刀具的加工轨迹。

(4) 编写加工程序

对于形状简单的工件采用手工编程,对于形状复杂的工件(如空间曲线和曲面)则需要采用 CAD/CAM 方法进行自动编程。

(5) 程序输入数控系统

将程序输入到数控系统的方法有两种:一种是通过操作面板上的按钮直接把程序输入数控系统,另一种是通过计算机 RS232 接口与数控机床连接传送程序。

(6) 程序检验

通过图形模拟显示刀具轨迹或用机床空运行来检验机床运动轨迹,检查刀具运动轨迹是否符合加工要求。可用单步执行程序的方法试切削工件,即按一次按钮执行一个程序段,发现问题及时处理。

图 5-11　程序编制的一般步骤

2. 程序的组成结构和格式

程序段格式是指程序段书写规则,它包括数控机床要执行的功能和执行该功能所需要的参数。

(1) 程序名

☞ **由字母 O 或 P 或符号(如%)以及 3～4 位数字组成。例如:O0001。**

(2) 程序段格式

☞ **N_G_X_Y_Z_I_J_K_F_S_T_M_**

N 为程序段号,后跟 2～4 位数字;G、M 为指令代码,后跟 2 位数字;X、Y、Z 为坐标字;I、J、K 为圆弧的圆心坐标;F 为进给速度功能字;S 主轴功能字;T 为刀具功能字。

一个完整的程序由程序名、程序段号和相应的符号组成。如:

☞ **O0001**   程序名
N01 G00 X50 Y60
N05 G01 X100 Y100 S1000 F150 M03   程序段
N10 ……
    ⋮
N150 M30   M30 表示程序结束

通常情况下,一个程序段是零件加工的一个工步,数控程序是一个程序段语句序列,保存在存储器里。加工零件时,这些语句从存储器里整体读出并一次性解释成可执行数据格式,然后加以执行。

3. 小数点输入

(1) 数字单位英制与公制的转换

数值单位可以用 G21/G20 指定,G21 指定采用公制(毫米输入),G20 指定采用英制(英寸输入)。如果程序中不给出 G21/G20 指令,数控铣床开机后默认的单位(即缺省值)是"GZ1(毫米输入)"。G21/G20 代码必须编在程序的开头,在设定坐标系之前以单独程序段指定。使用 G21/G20 代码时注意下述两点。

1) 在程序执行期间绝对不能切换 G20 和 G21;

2）当英制输入 G20 切换到公制输入 G21 或相反切换时，刀具补偿值必须根据最小输入增量单位预先设定。但是当参数 NO5006♯0（01M）＝1 时，刀具补偿值被自动转换而不必重新设定。

（2）小数点编程

一般数控机床数值的最小输入增量单位为 0.001 mm，小于最小输入增量单位的小数被舍去。当输入数字值是距离、时间或速度时可以使用小数点，称为小数点编程。下面地址可以指定小数点：X，Y，Z，U，V，V，A，B，C，I，J，K，Q，R 和 F。

FANUC 系统程序中对没写小数点的数值，其单位是"μm"，如坐标尺寸字"X200"，表示 X 值为 200 μm。如果数值中有小数点，数值单位是"mm"，如 X0.2，即 0.2 mm，即 X0.2 与 X200 等效。

例如，坐标尺寸字：X 值为＋30.012 mm；Y 值为－9.8 mm 时，以下几种表达方式表示是等效的：

1）X30.012 Y－9.8（单位是 mm）。

2）X30.012 Y－9800（单位是 μm）。

3）X30.012 Y－9800（X 值单位是 mm，Y 值单位是 μm）。

数控车床主要加工轴类零件和法兰类零件，使用四爪卡盘和专用夹具也能加工出复杂的零件。装在数控车床上的工件随同主轴一起作回转运动，数控车床的刀架在 X 轴和 Z 轴组成的平面内运动，主要加工回转零件的端面、内孔和外圆。由于数控车床配置的数控系统不同，使用的指令在定义和功能上有一定的差异，但其基本功能和编程方法还是相同的。

4. 米制与英制编程

数控车床使用的长度单位有米制和英制两种，由专用的指令代码设定长度单位，如 Fanuc - OTC 系统用 G20 表示使用英制单位的值，G21 表示使用米制单位的。

5. 直径与半径编程

数控车床有直径编程和半径编程两种方法，前一种方法把 X 坐标值表示为回转零件的直径值，称为直径编程，由于图纸上都用直径表示零件的回转尺寸,用这种方法编程比较方便,X 坐标值与回转零件直径尺寸保持一致,不需要尺寸换算。另一种方法把 X 坐标值表示为回转零件的半径值,称为半径编程,这种表示方法符合直角坐标系的表示方法。考虑使用上方便,采用直径编程的方法居多数。

6. 车床的前置刀架与后置刀架

数控车床刀架布置有两种形式:前置刀架和后置刀架。如图 5‑12,前置刀架位于 Z 轴的前面,与传统卧式车床刀架的布置形式一样,刀架导轨为水平导轨,使用四工位电动刀架;后置刀架位于 Z 轴的后面,刀架的导轨位置与正平面倾斜,这样的结构形式便于观察刀具的切削过程、切屑容易排除、后置空间大,可以设计更多工位的刀架,一般全功能的数控车床都设计为后置刀架。

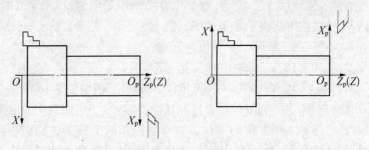

图 5‑12　床的前置刀架与后置刀架

7. 模态指令与非模态指令

编程中的指令有模态指令和非模态指令,模态指令也称续效指令,一经程序段中指定,便一直有效,与上段相同的模态指令可省略不写,直到以后程序中重新指定同组指令时才失效。而非模态指令(非续效指令)其功能仅在本程序段中有效,与上段相同的非模态指令不能省略不写。

例如:G01 X _ ;

　　　　 Z _ ;

　　　G00 X_Z_;

8. 切削用量的选用原则

数控加工时对同一加工过程选用不同的切削用量,会产生不同的切削效果。合理的切削用量能保证工件的质量要求(如加工精度和表面粗糙皮),在切削系统强度、刚性允许的条件下充分利用机床功能,最大限度地发挥刀具的切削性能,并保证刀具有一定的使用寿命。

(1) 粗车时切削用量的选择

粗车时一般以提高生产率为主,兼顾经济性和加工成本。提高切削速度、加大进给量和切削深度都能提高生产率。其中切削速度对刀具寿命的影响最大,切削深度对刀具寿命的影响最小,所以考虑粗加工切削用量时首先应选择一个尽可能大的切削深度,其次选择较大的进给速度,最后在刀具寿命和机床功率允许的条件下选择一个合理的切削速度。

(2) 精车、半精车时切削用量的选择

精车和半精车的切削用量要保证加工质量,兼顾生产率和刀具寿命。精车和半精车的切削深度是根据零件加工精度和表面粗糙度要求及粗车后留下的加工余量决定的,一般情况是一次去除余量。精车和半精车的切削深度较小,产生的切削力也较小,所以可在保证表面粗糙度的情况下适当加大进给量。

数控机床加工的切削用量包括切削深度 a_p、切削速度 v_c(或主轴转速 n)和进给量(或进给速度)f,其选用原则与普通机床基本相似。

9. 数控车床切削用量

(1) 切削深度 a_p

在工艺系统刚性和机床功率允许的条件下,尽可能选取较大的切削深度,以减少进给次数。当工件的精度要求较高时,则应考虑留有精加工余量,一般为 0.1~0.5 mm。

切削深度 a_p 计算公式:$a_p = \dfrac{d_w - d_m}{2}$

式中:d_w——待加工表面外圆直径,单位 mm;

d_m——已加工表面外圆直径,单位 mm。

(2)切削速度 v_c

1)车削主轴切削速度 v_c 由工件材料、刀具的材料及加工性质等因素所确定,表 5-1 为硬质合金外圆车刀切削速度参考表。

表 5-1　硬质合金外圆车刀切削速度参考表

| 工件材料 | 热处理状态 | $a_p=0.3\sim2$ mm | $a_p=2\sim6$ mm | $a_p=6\sim10$ mm |
| | | $f=0.08\sim$ 0.3 mm/r | $f=0.3\sim$ 0.6 mm/r | $f=0.6\sim$ 1 mm/r |
		$v_c(\text{m/min}^{-1})$	$v_c(\text{m/min}^{-1})$	$v_c(\text{m/min}^{-1})$
低碳钢　易切钢	热　轧	140~180	100~120	70~90
中碳钢	热　轧	130~160	90~110	60~80
	调　质	100~130	70~90	50~70
合金工具钢	热　轧	100~130	70~90	50~70
	调　质	80~110	50~70	40~60
工具钢	退　火	90~120	60~80	50~70
灰铸铁	HBS<190	90~120	60~80	50~70
	HBS=190~225	80~110	50~70	40~60
高锰钢			10~20	
铜及铜合金		200~250	120~180	90~120
铝及铝合金		300~600	200~400	150~200
铸铝合金		100~180	80~150	60~100

注:表中刀具材料切削钢及灰铸铁时耐用度约为 60 min。

切削速度 v_c 计算公式: $v_c = \dfrac{\pi d n}{1\,000}$

式中:d——工件或刀尖的回转直径,单位 mm;

n——工件或刀具的转速,单位 r/min。

2)车削螺纹主轴转速 n 切削螺纹时,车床的主轴转速受加工工件的螺距(或导程)大小、驱动电动机升降特性及螺纹插补运算速度等多种因素影响,因此对于不同的数控系统,选择车削螺纹主轴

转速 n 存在一定的差异。下列为一般数控车床车螺纹时主轴转速计算公式：

$$n \leqslant \frac{1\,200}{P} - k$$

式中：P——工件螺纹的螺距或导程，单位 mm；

　　　k——安全系数，一般为 80。

（3）进给速度 v_f

进给速度是指单位时间内，刀具沿进给方向移动的距离，单位为 mm/min，也可表示为主轴旋转一转刀具的进给量，单位为 mm/r。是数控机床切削用量中的重要参数。

确定进给速度的原则：

① 当工件的加工质量能得到保证时，为提高生产率可选择较高的进给速度；

② 切断、车削深孔或精车时，选择较低的进给速度；

③ 刀具空行程尽量选用高的进给速度；

④ 进给速度应与主轴转速和切削深度相适应。

进给速度 v_f 的计算：

$$v_f = fn$$

式中：n——车床主轴的转速，单位 r/min；

　　　f——刀具的进给量，单位 mm/r。

（4）表 5-2 是一些资料上推荐的切削用量数据，仅供参考。具体内容需要查阅切削用量手册。

10. 数控铣床切削用量选择原则

数控铣床切削用量的选择原则是：首先选择尽可能大的背吃刀量 a_p（端铣）或侧吃刀量 a_e（圆周铣），其次是确定进给速度，最后根据刀具耐用度确定切削速度。

合理的选择切削用量，对零件的表面质量、精度、加工效率影响很大，这在实际加工中往往是很难掌握的，必须要有丰富的实践经验才能够掌握好切削用量的选择。合理选择切削用量对于发挥数

表 5 - 2　数控车床切削用量推荐表

工件材料	刀杆尺寸 B×H(mm²)	工件直径 d(mm)	切削深度 a_p (mm)　进给量 f (mm/r)				
			≤3	>3~5	>5~8	>8~12	>12
碳素结构钢 合金结构钢 耐热钢	16×25	20	0.3~0.4	—	—	—	—
		40	0.4~0.5	0.3~0.4	—	—	—
		60	0.5~0.7	0.4~0.6	0.3~0.5	—	—
		100	0.6~0.9	0.5~0.7	0.5~0.6	0.4~0.5	—
		400	0.8~1.2	0.7~1.0	0.6~0.8	0.5~0.6	—
	20×30 25×25	20	0.3~0.4	—	—	—	—
		40	0.4~0.5	0.3~0.4	—	—	—
		60	0.5~0.7	0.5~0.7	0.4~0.6	—	—
		100	0.8~1.0	0.7~0.9	0.5~0.7	0.4~0.7	—
		400	1.2~1.4	1.0~1.2	0.8~1.0	0.6~0.9	0.4~0.6
铸铁 铜合金	16×25	40	0.4~0.5	—	—	—	—
		60	0.5~0.8	0.5~0.8	0.4~0.6	—	—
		100	0.8~1.2	0.7~1.0	0.6~0.8	0.5~0.7	—
		400	1.0~1.4	1.0~1.2	0.8~1.0	0.6~0.8	—
	20×30 25×25	40	0.4~0.5	—	—	—	—
		60	0.5~0.9	0.5~0.8	0.4~0.7	—	—
		100	0.9~1.3	0.8~1.2	0.7~1.0	0.5~0.8	—
		400	1.2~1.8	1.2~1.6	1.0~1.3	0.9~1.1	0.7~0.9

控机床的最佳效益有着至关重要的关系。选择切削用量的原则是，粗加工时，一般以提高生产率为主，但也应考虑经济性和加工成本。

半精加工和精加工时，应在保证加工质量的前提下，兼顾切削效率、经济性和加工成本。具体数值应根据机床说明书、刀具说明书、切削用量手册，并结合经验而定。

背吃刀量 a_p 在机床、零件和刀具刚度允许的情况下，a_p 可等于总加工余量，这是提高生产率的一个有效措施。为了保证零件的加工精度和表面粗糙度，一般应留一定的余量进行精加工。

在编程中切削宽度 L 称为步距，一般切削宽度 L 与刀具有效直径成正比，与背吃刀量成反比。在粗加工中，步距取得大点有利于提高加工效率。在使用平底刀进行切削时，一般 L 的取值范围为：$L=(0.6\sim0.9)d$；而使用球刀进行加工，刀具直径应扣除刀尖的圆角部分，即 $d=D-2r$（D 为刀具直径，r 为刀尖圆角半径），而 L 的取值范围为：$L=(0.8\sim0.9)d$；而在使用球头刀进行精加工时，步距的确定应首先考虑所能达到的精度和表面粗糙度。

切削用量的选择方法是考虑刀具的耐用度，先选取背吃刀量或侧吃刀量，其次确定进给速度，最后确定切削速度。

（1）背吃刀量 a_p（端铣）或侧吃刀量 a_c（圆周铣）

如图 5-13 所示，背吃刀量 a_p 为平行于铣刀轴线测量的切削层尺寸，单位为 mm，端铣时 a_p 为切削层深度，圆周铣削时 a_p 为被加工表面的宽度。侧吃刀量 a_c 为垂直于铣刀轴线测量的切削层尺寸，单位为 mm，端铣时 a_c 为被加工表面宽度，圆周铣削时 a_c 为切削层深度。端铣背吃刀量和圆周铣侧吃刀量的选取主要由加工余量和对表面质量要求决定。

1）工件表面粗糙度要求为 $R_a3.2\sim12.5\ \mu m$，分粗铣和半精铣两步铣削加工，粗铣后留半精铣余量 $0.5\sim1.0$ mm。

2）工件表面粗糙度要求为 $R_a0.8\sim3.2\ \mu m$，可分粗铣、半精铣、精铣三步铣削加工。半精铣时端铣背吃刀量或圆周铣削侧吃刀量取 $1.5\sim2$ mm，精铣时圆周铣侧吃刀量取 $0.3\sim0.5$ mm，端铣背吃刀量取 $0.5\sim1$ mm。

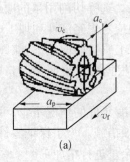 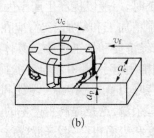

(a)　　　　　　　　　　　(b)

图 5-13　铣刀铣削用量

(a) 圆周铣；(b) 端铣

(2) 进给速度 v_f

进给量有进给速度 v_f、每转进给量 f 和每齿进给量 f_z 三种表示方法，进给速度指单位时间内工件与铣刀沿进给方向的相对位移，单位为 mm/min。它与铣刀转速 n、铣刀齿数 Z 及每齿进给量 f_z（单位为 mm/z）有关。

进给速度的计算公式：$v_f = f_z Z n$

式中：每齿进给量 f_z 的选用主要取决于工件材料和刀具材料的机械性能、工件表面粗糙度等因素。当工件材料的强度和硬度高，工件表面粗糙度的要求高，工件刚性差或刀具强度低，f_z 值取小值。硬质合金铣刀的每齿进给量高于同类高速钢铣刀的选用值，每齿进给量的选用参考表见表 5-3。

表 5-3　铣刀每齿进给量 f_z 参考表

工件材料	每 齿 进 给 量 f_z (mm/z)			
	粗　铣		精　铣	
	高速钢铣刀	硬质合金铣刀	高速钢铣刀	硬质合金铣刀
钢	0.10~0.15	0.10~0.25	0.02~0.05	0.10~0.15
铸　铁	0.12~0.20	0.15~0.30		

(3) 切削速度 v_c

切削速度 v_c 也称单齿切削量，单位为 m/min，提高 v_c 值也是提高生产率的一个有效措施,但 v_c 与刀具寿命的关系比较密切,随着 v_c 的增大,刀具寿命急剧下降,故 v_c 的选择主要取决于刀具寿命。一般好的刀具供应商都会在其手册或者刀具说明中提供刀具的切削速度推荐参数,另外,切削速度 v_c 值还要根据零件的材料硬度来做适当的调整。

例如,用立铣刀铣削合金 30CrNi2MoVA 时,v_c 可采用 8 m/min 左右;而用同样的立铣刀铣削铝合金时,v_c 可选 200 m/min 以上。

铣削的切削速度与刀具耐用度 T、每齿进给量 f_z、背吃刀量 a_p、侧吃刀量 a_e 以及铣刀齿数 Z 成反比,与铣刀直径 d 成正比。其原因是 f_z、a_p、a_e、Z 增大时,使同时工作齿数增多,刀刃负荷和切削热增加,加快刀具磨损,因此刀具耐用度限制了切削速度的提高。如果加大铣刀直径则可以改善散热条件,相应提高切削速度。

二、F、S、T、M 指令功能

1. 进给量指令 F

进给速度功能简称 F 功能或 F 指令。它是指定切削进给速度的一种指令。F 功能由地址 F 加几位数字组成。通常进给速度值是直接写在字母 F 的后面,如 F200、F0.3 等。

F 地址符在螺纹加工程序段中还常被用来指定导程。

指令格式　F_

指令功能　F 表示进给地址符。

指令说明　F 表示主轴每转进给量,单位为 mm/r;也可以表示进给速度,单位为 mm/min。其值通过 G 指令设定。

F 指令为模态指令,即一经程序段中指定,便一直有效。与上段相同的 F 指令可以不写,直到以后程序中需要重新指定新的 F 或 G00 指令时才失效。

2. 主轴转速指令 S

主轴转速功能用来指定主轴的转速,简称 S 功能或 S 指令,S 功能由地址符 S 加几位数字组成,一般主轴转速值可以直接用 S 后面的数字表示。

指令格式　S_

指令功能　S表示主轴转速地址符。

指令说明　S表示主轴转速,单位为 r/min;也可以表示切削速度,单位为 m/min。其值通过 G 指令设定。如 S3000 表示主轴转速为 3 000 r/min。

3. 刀具号指令 T

指令格式　T_

指令功能　T 表示刀具地址符,前两位数表示刀具号,后两位数表示刀具补偿号。

通过刀具补偿号调用刀具数据库内刀具补偿参数。如 T01 表示 1 号刀,如 T0102,01 表示选择 1 号刀具,02 刀具补偿值组号,调用第 02 号刀具补偿值,即从 02 号刀具补寄存器中取出事先存入的补偿数据进行刀具补偿。

4. 辅助功能 M

由字母 M 和其后的 2 位数字组成,从 M00~M99,主要用来指定机床加工时的辅助动作及状态,如主轴的启停、正反转,冷却液的通、断,刀具的更换,滑座和有关部件的夹紧与放松,也称开关功能。哪个代码对应哪个机床功能,由机床制造厂家决定。常用的 M 功能指令如下:

(1) M00——程序暂停。在完成该程序段其他指令后,用以停止主轴旋转、进给和冷却液,相当于单程序段停止,以便执行某一手动操作,如手动变速、换刀、测量工件。此后,当按下循环启动键后,继续执行后面的程序。

(2) M01——计划停止。如果操作者在执行某个程序段之后准备临时停机或关键尺寸的抽样检查,便可预先接通"任选停止"开关。当机床执行到 M01 时,就进入程序停止状态。此后,需重新启动,才能执行以下程序。但如果不接通"任选停止"开关,则 M01 指令不起作用。

(3) M02——程序结束。该指令编在最后一条程序句中,用以表示程序结束,数控系统处于复位状态。

（4）M03、M04、M05——分别命令主轴正转、反转和停止。主轴正转方向是从主轴轴线向正 Z 方向看的顺时针旋转方向,逆时针方向则为反转方向。

（5）M06——换刀指令

该指令用于数控机床自动换刀。

（6）M09——切削液关

（7）M98、M99——分别表示子程序的调出和子程序的结束。

三、G 指令应用

G 指令是用来指令机床动作方式的功能,不同的数控系统,它们的 G 指令也存在一些差别,因此编程人员必须熟悉所使用机床及数控系统的规定,以下介绍常用的 G 代码指令及其编程方法。

1. 工件坐标系设定

工件坐标系和工件零点可以在程序中用指令设定,下面介绍三种设定工件原点的方法。

（1）设定工刀具起点（G50）

指令格式　G50 X_ Z_

指令功能　通过刀具起点或换刀点的位置设定工件坐标系原点。

指令说明　G50 指令后面的坐标值表示刀具起点或换刀点在工件坐标系中的坐标值。

在编写加工程序时,将工件坐标系的原点设定在工件的设计基准与工艺基准处,工件坐标系又称编程坐标系,其坐标系原点又称编程原点或编程零点,见图 5-14 的 O_p 点,这样对编写程序带来很大的方便。

G50 指令的功能通过设置刀具起点或换刀点相对于工件坐标系的坐标值来建立工件坐标系,这里的刀具起点或换刀点是指车刀或镗刀的刀尖位置。设置换刀点的原则,既要保证换刀时刀具不碰撞工件,又要保证换刀时的辅助时间最短。如图 5-14 所示,设定

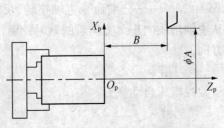

图 5-14 刀具起点设置(工件坐标系)

换刀点距工件坐标系原点在 Z 轴方向距离为 B,在 X 轴方向距离为 A(直径值),执行程序段中指令 G50 XA ZB 后,在系统内部建立了以 O_p 为原点的工件坐标系。

设置工件坐标系时,刀具起点位置可以不变,通过 G50 指令的设定,把工件坐标系原点设在所需要的工件位置上,如图 5-15 所示。

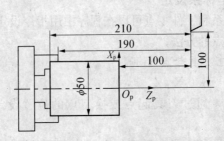

图 5-15 设置工件坐标系

工件坐标系原点设定在工件左端面位置:
G50 X200 Z210
工件坐标系原点设定在工件右端面位置:
G50 X200 Z100
工件坐标系原点设定在卡爪前端面位置:
G50 X200 Z190

显然,当 G50 指令中相对坐标值 A、B 不同或改变刀具的刀具起点位置,所设定工件坐标系原点的位置也发生变化。

[例 1] 设 O_p 点为工件坐标系原点，O_p 点在机床坐标系中的坐标值为 $(0，150)$，用 G54 指令设置工件坐标系。

解：G54 X0 Z150

(2) 工件原点偏置指令 (G54～G59)

指令格式　G54～G59 X_ Z_

指令说明　指令后参数 $(X，Z)$ 值是工件原点在机床坐标系中的坐标值。

该方法是通过设置工件原点相对于机床坐标系的坐标值，来设定工件坐标系的。如图 5-16 所示，将工件装在车床卡盘上，机床坐标系为 XOZ，工件坐标系为 $X_p O_p Z_p$，显然两者并不重合。假设工件零点 O_p 相对于机床坐标系的坐标值为 $(a，L)$，则通过采用设定工件原点的 G 指令，执行程序段：G54～G59 后，即建立了以工件零点为坐标原点的工件坐标系。

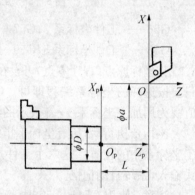

图 5-16　设定工件坐标系方法
XOZ—机床坐标系；$X_p O_p Z_p$—工件坐标系

G54 编在加工程序的第一段，在建立工件坐标系之前，先要测试工件原点在机床坐标系的位置，即 G54 的 $X，Z$ 值。如图 5-17 所示的 $a，L$，然后再将所测得的 $a，L$ 分别输入到机床偏置寄存器中。当 G54 一旦被执行以后，工件坐标系就取代了机床坐标系。

数控车床根据需要，最多可设置 G54～G59 共 6 个加工坐标系。这六个加工坐标系的位置可通过在程序中编入变更加工坐标系 G10 指令来设定；也可以选择用 MDI 设定 6 个工件坐标系，其坐标原点可设在便于编程的某一固定点上，然后通过程序指令 G54～G59，可以选择工件坐标系 1～6 个中的任意一个。

G54——工件坐标系 1；G55——工件坐标系 2；

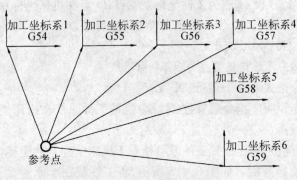

图 5-17 工件零点偏置

G56——工件坐系 3;G57——工件坐系 4;

G58——工件坐系 5;G59——工件坐系 6。

其坐标原点(程序零点)可设在便于编程的某一固定点上,这样只要按选择的坐标系编程即可。G54~G59 指令可使其后的坐标值视为用加工坐标系 1~6 表示的绝对坐标值。

该指令执行后,所有坐标字指定的尺寸坐标都是选定的工件加工坐标系中的位置。这六个工件加工坐标系是通过 CRT/MDI 方式输入,系统自动记忆。

注意:使用 G54~G59 时,不用 G50 设定坐标系。G54~G59 和 G50 不能混用。

(3) 用刀具补偿指令设定(T××××)工件坐标系

除上述两种方法外,还可以通过刀具补偿来设定工件坐标系,即将工件坐标系的位置作为刀具参数输入,由 T×××× 指令来调用。刀具的补偿值为刀尖位于工件原点,刀具参考点在机床坐标系中的坐标值。如图 4-72 所示,刀具参考点设置在刀具的刀尖点时,它的刀具补偿量就是坐标值(a, L)。T 指令用在设定工件坐标系与 G54~G59 的设定原理类似,使用时要符合刀具补偿的使用原则。

1) 换刀前要撤消所有刀具补偿。

2) 可以在任意安全位置换刀,不必返回刀具起点。

2. 基本移动指令

（1）快速进给指令（G00）

指令格式　　G00 X(U)_ Z(W)_

指令功能　　G00 指令表示刀具以机床给定的快速进给速度移动到目标点，又称为点定位指令。

指令说明　　采用绝对坐标编程，X、Z 表示目标点在工件坐标系中的坐标值；采用增量坐标编程，U、W 表示目标点相对当前点的移动距离与方向。

执行该指令时，机床以由系统快进速度决定的最大进给量移向指定位置。它只是快速定位，而无运动轨迹要求。不需规定进给速度。另外，使用 G00 指令时要注意刀具是否和工件及夹具发生干涉，忽略这一点，就容易发生碰撞，而在快速状态下的碰撞就更加危险。

［例2］　如图 5 - 18 所示，刀具从换刀点 A（刀具起点）快进到 B 点，试分别用绝对坐标方式和增量坐标方式编写 G00 程序段。

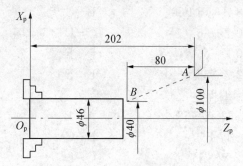

图 5 - 18　快速定位

解：绝对坐标编程：

G00 X40 Z122

增量坐标编程：

G00 U−60 W−80

（2）直线插补指令（G01）

指令格式　　G01 X(U)_ Z(W)_ F_

指令功能　G01 指令使刀具以设定的进给速度从所在点出发，直线插补至目标点。

指令说明　采用绝对坐标编程，X、Z 表示目标点在工件坐标系中的坐标位置；采用增量坐标编程 U、W 表示目标点相对当前点的移动距离与方向，其中 F 表示进给速度，在无新的 F 指令替代前一直有效。

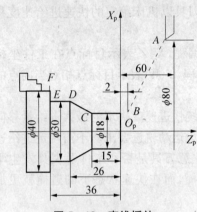

图 5-19　直线插补

[例 3]　如图 5-19 所示，设零件各表面已完成粗加工，试分别用绝对坐标方式和增量坐标方式编写 G00，G01 程序段。

解：绝对坐标编程：

G00 X18 Z2　　　　　　　A-B
G01 X18 Z-15 F50　　　　B-C
G01 X30 Z-26　　　　　　C-D
G01 X30 Z-36　　　　　　D-E
G01 X42 Z-36　　　　　　E-F

增量坐标编程：

G00 U-62 W-58　　　　　A-B
G01 W-17 F50　　　　　　B-C
G01 U12 W-11　　　　　　C-D
G01 W-10　　　　　　　　D-E
G01 U12　　　　　　　　　E-F

(3) 圆弧插补指令(G02，G03)

指令格式　G02 X(U)_ Z(W)_ I_ K_ (R) F_
　　　　　　G03 X(U)_ Z(W)_ I_ K_ (R) F_

指令功能　G02、G03 指令表示刀具以 F 进给速度从圆弧起点向圆弧终点进行圆弧插补。

指令说明 1) G02 为顺时针圆弧插补指令,G03 为逆时针圆弧插补指令。圆弧的顺、逆方向判断见图 5 - 20 左图,朝着与圆弧所在平面相垂直的坐标轴的负方向看,顺时针为 G02,逆时针为 G03,图 5 - 20 右图分别表示了车床前置刀架和后置刀架对圆弧顺与逆方向的判断;

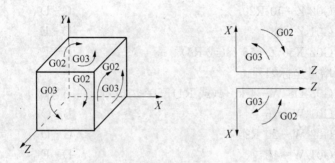

图 5 - 20 圆弧的顺逆方向

2) 如图 5 - 21,采用绝对坐标编程,X、Z 为圆弧终点坐标值;采用增量坐标编程,U、W 为圆弧终点相对圆弧起点的坐标增量,R 是圆弧半径,当圆弧所对圆心角为 0°~180°时,R 取正值;当圆心角为 180°~360°时,R 取负值。I、K 为圆心在 X、Z 轴方向上相对圆弧起点的坐标增量(用半径值表示),I、K 为零时可以省略。

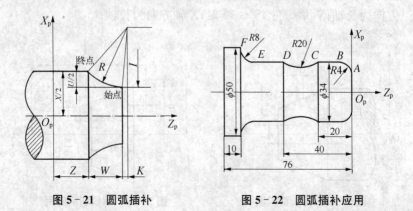

图 5 - 21 圆弧插补   **图 5 - 22 圆弧插补应用**

[例4] 如图 5-22 所示,走刀路线为 A-B-C-D-E-F,试分别用绝对坐标方式和增量坐标方式编程。

解:绝对坐标编程:

G03 X34 Z−4 K−4(或 R4)F50	A-B
G01 Z−20	B-C
G02 Z−40 R20	C-D
G01 Z−58	D-E
G02 X50 Z−66 I8(或 R8)	E-F

增量坐标编程:

G03 U8 W−4 k−4(或 R4)F50	A-B
G01 W−16	B-C
G02 W−20 R20	C-D
G01 W−18	D-E
G02 U16 W−8 I8(或 R8)	E-F

3. 螺纹切削指令

(1) 螺纹切削指令(G32)

指令格式 G32 X(U)_ Z(W)_ F

指令功能 切削加工圆柱螺纹、圆锥螺纹和平面螺纹。

指令说明 ① F 表示长轴方向的导程,如果 X 轴方向为长轴,F 为半径值。对于圆锥螺纹(图 5-23),其斜角 α 在 45°以下时,Z 轴方向为长轴;斜角 α 在 45°~90°时,X 轴方向为长轴;

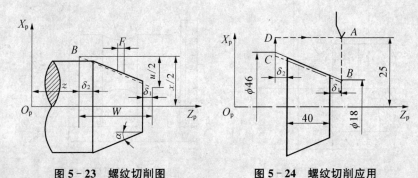

图 5-23 螺纹切削图   图 5-24 螺纹切削应用

② 圆柱螺纹切削加工时,X、U 值可以省略,格式为 G32 Z(W)_ F_;

③ 端面螺纹切削加工时,Z、W 值可以省略,格式为 G32 X(U)_ F_;

④ 螺纹切削应注意在两端设置足够的升速进刀段 δ_1 和降速退刀段 δ_2。

[例 5] 如图 5-24 所示,走刀路线为 A-B-C-D-A,切削圆锥螺纹,螺纹导程为 4 mm,$\delta_1 = 3$ mm,$\delta_2 = 2$ mm,每次背吃刀量为 1 mm,切削深度为 2 mm,试编程。

解: 编程为

G00 X16

G32 X44 W—45 F4

G00 X50

W45

X14

G32 X42 W—45 F4

G00 X50

W45

(2) 螺纹切削单一循环指令(G92)

指令格式 G92 X(U)_ Z(W)_ R_ F_

指令功能 切削圆柱螺纹和锥螺纹,刀具从循环起点,按图 5-25

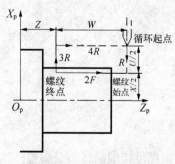

图 5-25 切削圆柱螺纹

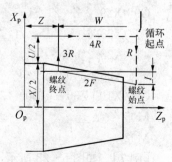

图 5-26 切削锥螺纹

与图 5-26 所示走刀路线,最后返回到循环起点,图中虚线表示按 R 快速移动,实线按 F 指定的进给速度移动。

指令说明　X、Z 表示螺纹终点坐标值;

U、W 表示螺纹终点相对循环起点的坐标分量;

R 表示锥螺纹始点与终点在 X 轴方向的坐标增量(半径值),圆柱螺纹切削循环时 R 为零,可省略;F 表示螺纹导程。

[例 6]　如图 5-27 所示,运用圆柱螺纹切削循环指令编程。

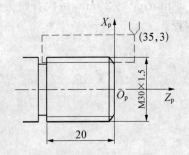

图 5-27　圆柱螺纹切削循环应用　　图 5-28　圆锥螺纹切削循环应用

程序编制如下:

G50 X100 Z50

G97 S300

T0101 M03

G00 X35 Z3

G92 X29.2 Z-21 F1.5

　　X28.6

　　X28.2

　　X28.05

G00 X100 Z50 T0100

M05

M02

[例 7]　如图 5-28 所示,运用锥螺纹切削循环指令编程。

程序编制如下:

G50 X100 Z50

G97 S300

T0101 M03

G00 X80 Z2

G92 X49.6 Z—48 R—5 F2

X48.7

X48.1

X47.5

X47.1

X47

G00 X100 Z50 T0000 M05

M02

（3）螺纹切削加工过程中有关尺寸的确定：

1）螺纹牙型高度（螺纹总切深）

螺纹牙型高度是指在螺纹牙型上，牙顶到牙底之间垂直于螺纹轴线的距离。如图 5 - 29 所示，它是车削时车刀总切入深度。

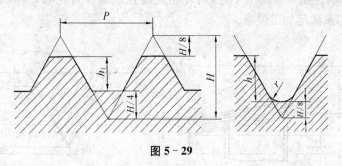

图 5 - 29

根据 GBL92～197—81 普通螺纹国家标准规定，普通螺纹的牙型理论高度 $H = 0.866P$ 实际加工时，由于螺纹车刀刀尖半径的影响，螺纹的实际切深有变化。根据 GB197—81 规定螺纹车刀可在牙底最小削平高度 $H/8$ 处削平或倒圆。则螺纹实际牙型高度可按下式计算：

$$h = H - 2(H/8) = 0.649\,5P$$

式中：H——螺纹原始三角形高度，$H = 0.866P$(mm)；

　　　P——螺距(mm)。

2）螺纹起点与螺纹终点径向尺寸的确定

螺纹加工中，径向起点（编程大径）的确定决定于螺纹大径。

一般也可按下式近似值计算：

螺纹外径≈公称直径$-H/4$；

螺纹内径≈螺纹外径$-2\times$螺纹牙深h。

3）螺纹起点与螺纹终点轴向尺寸的确定

由于车螺纹起始时有一个加速过程，结束前有一个减速过程。在这段距离中，螺纹不可能保持均匀。因此车螺纹时，两端必须设置足够的升速进刀段δ_1和减速退刀段δ_2。

4）分层切削深度

如果螺纹牙型较深、螺距较大，可分几次进给。每次进给的背吃刀量用螺纹深度减精加工背吃刀量所得的差按递减规律分配，如图 5-30 所示。常用螺纹切削的进给次数与背吃刀量可参考表 5-4 选取。在实际加工中，当用牙型高度控制螺纹直径时，一般通过试切来满足加工要求。

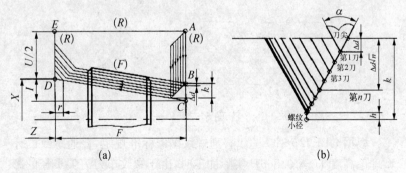

(a)　　　　　　　　　　　　　(b)

图 5-30　分层切削示意图

4. 单一循环指令

对几何形状简单、单一的切削路线，如：外径、内径、端面的切

表5-4 常用螺纹的进给次数与背吃刀量

米 制 螺 纹							
螺 距	1.0	1.5	2.0	2.5	3.0	3.5	4.0
牙 深	0.649	0.974	1.299	1.624	1.949	2.273	2.598
背吃刀量及切削次数 1次	0.7	0.8	0.9	1.0	1.2	1.5	1.5
2次	0.4	0.6	0.6	0.7	0.7	0.7	0.8
3次	0.2	0.4	0.6	0.6	0.6	0.6	0.6
4次		0.16	0.4	0.4	0.4	0.6	0.6
5次			0.1	0.4	0.4	0.4	0.4
6次				0.15	0.4	0.4	0.4
7次					0.2	0.2	0.4
8次						0.15	0.3
9次							0.2

英 制 螺 纹							
牙/in	24牙	18牙	16牙	14牙	12牙	10牙	8牙
牙 深	0.678	0.904	1.016	1.162	1.355	1.626	2.033
背吃刀量及切削次数 1次	0.8	0.8	0.8	0.8	0.9	1.0	1.2
2次	0.4	0.6	0.6	0.6	0.6	0.7	0.7
3次	0.16	0.3	0.5	0.5	0.6	0.6	0.6
4次		0.11	0.14	0.3	0.4	0.4	0.5
5次				0.13	0.21	0.4	0.5
6次						0.16	0.4
7次							0.17

削,若加工余量较大,刀具常常要反复地执行相同的动作,才能达到工件要求的尺寸。要完成上述加工,在一个程序中就要写入很多的程序段,为了简化程序,减少程序所占内存,数控机床设有各种固定循环指令,只需用一个指令,一个程序段,便可完成多次重复的切削动作。

（1）外圆切削单一循环指令（G90）

指令格式　G90 X(U)_ Z(W)_ R_ F_

指令功能　实现外圆切削循环和锥面切削循环，刀具从循环起点按图5-31与图5-32所示走刀路线，最后返回到循环起点，图中虚线表示按 R 快速移动，实线表示按 F 指定的工件进给速度移动。

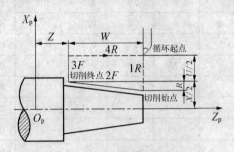

图5-31　外圆切削循环

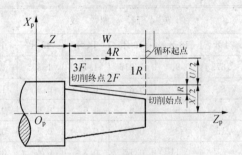

图5-32　锥面切削循环

指令说明　X、Z 表示切削终点坐标值；

U、W 表示切削终点相对循环起点的坐标分量；

R 表示切削始点与切削终点在 X 轴方向的坐标增量（半径值），外圆切削循环时 R 为零，可省略；

F 表示进给速度。

［例8］　如图5-33所示，运用外圆切削循环指令编程。

编程如下：

G90 X40 Z20 F30　　　　　　A－B－C－D－A

X30	A－E－F－D－A
X20	A－G－H－D－A

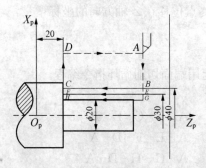

图 5－33 外圆切削循环应用

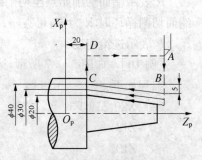

图 5－34 锥面切削循环应用

[例 9] 如图 5－34 所示,运用锥面切削循环指令编程。

编程如下:

G90 X40 Z20 R－5 F30	A－B－C－D－A
X30	A－E－F－D－A
X20	A－G－H－D－A

(2) 端面切削单一循环指令(G94)

指令格式   G94 X(U)_ Z(W)_ R_ F_

指令功能   实现端面切削循环和带锥度的端面切削循环,刀具从循环起点,按图 5－35 与图 5－36 所示走刀路线,最后返回到循环起点,图中虚线表示按 R 快速移动,实线按 F 指定的进给速度移动。

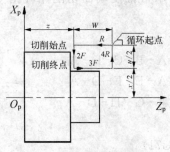

图 5－35 端面切削循环

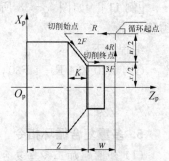

图 5－36 带锥度的端面切削循环

指令说明　X、Z 表示端平面切削终点坐标值；

U、W 表示端面切削终点相对循环起点的坐标分量；

R 表示端面切削始点至切削终点位移在 Z 轴方向的坐标增量，端面切削循环时 R 为零，可省略；

F 表示进给速度。

［例 10］　如图 5-37 所示，运用端面切削循环指令编程。

编程如下：

G94 X20 Z16 F30	A－B－C－D－A
Z13	A－E－F－D－A
Z10	A－G－H－D－A

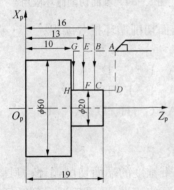 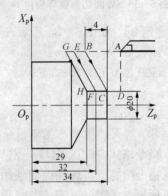

图 5-37　端面切削循环应用　　图 5-38　带锥度的端面切削循环应用

［例 11］　如图 5-38 所示，运用带锥度端面切削循环指令编程。

编程如下：

G94 X20 Z34 R－4 F30	A－B－C－D－A
Z32	A－E－F－D－A
Z29	A－G－H－D－A

5. 多重复合循环指令

（1）外圆粗加工多重复合循环（G71）

指令格式　　G71 U△d　R<u>e</u>

$$G71\ Pns\ Qnf\ U\Delta u\ W\Delta w\ Ff\ Ss\ Tt$$

指令功能　切除棒料毛坯大部分加工余量,切削是沿平行 Z 轴方向进行,见图 5 - 39,A 为循环起点,A - A' - B 为精加工路线。

指令说明　Δd 表示每次切削深度(半径值),无正负号;

e 表示退刀量(半径值),无正负号;

ns 表示精加工路线第一个程序段的顺序号;

nf 表示精加工路线最后一个程序段的顺序号;

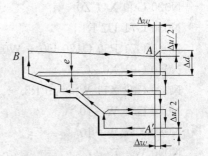

Δu 表示 X 方向的精加工余量,直径值;

图 5 - 39　外圆粗加工循环

Δw 表示 Z 方向的精加工余量。

f,s,t 表示 F、S、T 所赋值代码。

在使用 G71 进行粗加工循环时,只有含在 G71 程序段中的 F、S、T 功能才有效。而包含在 ns～nf 程序段中的 F、S、T 功能,即使被指定对粗车循环也无效。AB 之间必须符合 X 轴,Z 轴方向的共同单调增大或减少的模式。

[**例 12**]　图 5 - 40 所示,运用外圆粗加工循环指令编程。

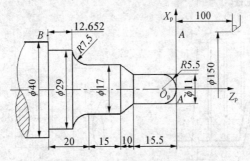

图 5 - 40　外圆粗加工循环应用

编程如下：

O1012

N010 G50 X150 Z100

N020 G00 X41 Z0

N030 G71 U2 R1

N040 G71 P50 Q120 U0.5 W0.2 F100

N050 G01 X0 Z0

N060 G03 X11 W−5.5 R5.5

N070 G01 W−10

N080 X17 W−10

N090 W−15

N100 G02 X29 W−7.348 R7.5

N110 G01 W−12.652

N120 X41

N130 G70 P50 Q120 F30

······

(2) 端面粗加工多重复合循环(G72)

指令格式　G72 W$\underline{\Delta d}$ R$\underline{e}$

　　　　　　G72 P$\underline{ns}$ Q$\underline{nf}$ U$\underline{\Delta u}$ W$\underline{\Delta w}$ F$\underline{f}$ S$\underline{s}$ T$\underline{t}$

指令功能　除切削是沿平行 X 轴方向进行外，该指令功能与
G71 相同,见图 5 - 41。

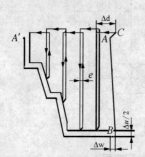

图 5 - 41　端面粗加工循环

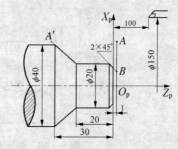

图 5 - 42　端面粗加工循环应用

指令说明 Δd、e、ns、nf、Δu、Δw 的含义与 G71 相同。

[例 13] 如图 5-42 所示,运用端面粗加工循环指令编程。

N010 G50 X150 Z100

N020 G00 X41 Z1

N030 G72 W1 R1

N040 G72 P50 Q80 U0.1 W0.2 F100

N050 G00 X41 Z-31

N060 G01 X20 Z-20

N070 Z-2

N080 X14 Z1

N090 G70 P50 Q80 F30

……

(3) 固定形状切削多重复合循环(G73)

指令格式　G73 UΔi WΔk R$\underline{d}$

　　　　　G73 P$\underline{ns}$ Q$\underline{nf}$ UΔu WΔw F$\underline{f}$ S$\underline{s}$ T$\underline{t}$

指令功能　适合加工铸造、锻造成形的一类工件,见图 5-43。

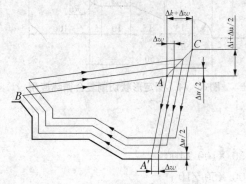

图 5-43　固定形状切削复合循环

指令说明　Δi 表示 X 轴向总退刀量(半径值);

ΔK 表示 Z 轴向总退刀量;

d 表示循环次数;

ns 表示精加工路线第一个程序段的顺序号;

nf 表示精加工路线最后一个程序段的顺序号；

Δu 表示 X 方向的精加工余量（直径值）；

Δw 表示 Z 方向的精加工余量。

使用固定形状切削复合循环指令，首先要确定换刀点、循环点 A、切削始点 A' 和切削终点 B 的坐标位置。分析上道例题，A 点为循环点，$A' \rightarrow B$ 是工件的轮廓线，$A \rightarrow A' \rightarrow B$ 为刀具的精加工路线，粗加工时刀具从 A 点后退至 C 点，后退距离分别为 $\Delta i + \Delta u / 2$，$\Delta k + \Delta w$，这样粗加工循环之后自动留出精加工余量 $\Delta u / 2$、Δw。顺序号 ns 至 nf 之间的程序段描述刀具切削加工的路线。

[例14]　如图 5-44 所示，运用固定形状切削复合循环指令编程。

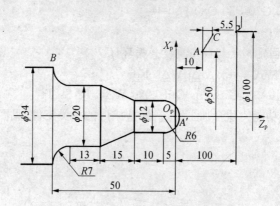

图 5-44　固定形状切削复合循环应用

编程如下：

O1111

N010 G50 X100 Z100

N020 G00 X50 Z10

N030 G73 U18 W5 R10

N040 G73 P50 Q100 U0.5 W0.5 F100

N050 G01 X0 Z1

N060 G03 X12 W−6 R6

N070 G01 W−10

N080 X20 W—15

N090 W—13

N100 G02 X34 W—7 R7

N110 G70 P50 Q100 F30

……

（4）精加工多重复合循环（G70）

指令格式　G70 P<u>ns</u> Qnf

指令功能　用 G71、G72、G73 指令粗加工完毕后，可用精加工循环指令，使刀具进行 A - A′- B 的精加工。

指令说明　ns 表示指定精加工路线第一个程序段的顺序号；

nf 表示指定精加工路线最后一个程序段的顺序号；

G70～G73 循环指令调用 N(ns) 至 N(nf) 之间程序段，其中程序段中不能调用子程序。必须先使用 G71 或 G72 或 G73 指令后，才能使用 G70 指令。

四、补偿功能

1. 刀具几何补偿与磨损补偿

刀具几何补偿与磨损补偿又称为刀具位置偏置补偿或刀具偏移补偿。前者是对刀具形状及刀具安装误差的补偿，后者是对刀尖磨损量的补偿。它是对编程时假想刀具（一般为基准刀具）与实际加工使用刀具位置的差别进行补偿的功能。

刀具补偿功能由程序中指定的 T 代码来实现。T 代码由字母 T 和后面的 4 位数字组成，编程格式如图 5 - 45 所示。

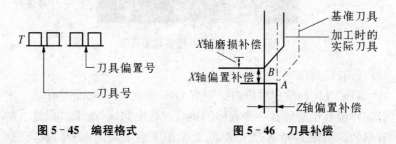

图 5 - 45　编程格式　　　　图 5 - 46　刀具补偿

如 T0101,其中前两位为刀具号,后两位为刀具补偿号。刀具补偿号实际上是刀具补偿寄存器的地址号。

如图 5-46 所示,由于各刀装夹在刀架的 X、Z 方向的伸长和位置不同,当非基准刀转位到加工位置时,刀尖位置 B 相对于 A 点就有偏差,原来建立的工件坐标系就不再适用了。此外,每把刀具在使用过程中还会出现不同程度的磨损,因此各刀的刀偏置和磨损值需要进行补偿。刀补移动的效果便是令转位后的刀尖移动到与上一基准刀尖所在位置上,新、老刀尖重合,它在工件坐标系中的坐标值就不产生改变。

获得各刀偏置的基本原理是:各刀均对准工件上某一基准点,由于 CRT 显示的机床坐标不同,因此将非基准刀在该点处的机床坐标通过入工计算或系统软件计算减去基准刀在同样点的机床坐标,就得到了各非基准刀的刀偏置。将偏置量预先用 MDI 操作在偏置存储器中设定,如图 5-47,若刀具偏置号为 0,则表示偏置量为 0,即取消补偿功能。如 T0100 表示取消 1 号刀具刀补。

图 5-47 刀具补偿寄存器页面

需要注意的是:

(1) 刀具补偿程序段内必须有 G00 或者 G01 功能才有效。而且偏移量补偿必须在一个程序的执行过程中完成,这个过程是不能省略的。例如 G00 X30.0 Z 40.0 T0101 表示调用 1 号刀具,且有刀具补偿时,快速移动到(30,40),补偿量在 01 号存储器中。

(2) 在调用刀具时,必须在取消刀具补偿状态下调用刀具。

2. 刀尖半径补偿

(1) 刀尖圆弧半径补偿的目的

数控机床是按假想刀尖运动位置进行编程,如图 5 - 48 中 A 点,实际刀尖部位是一个小圆弧,切削点是刀尖圆弧与工件的切点,如图 5 - 49 所示,在车削圆柱

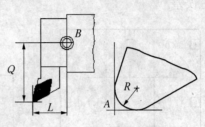

面和端面时,切削刀刃轨迹
与工件轮廓一致;在车削锥
面和圆弧时,切削刀刃轨迹
会引起工件表面的位置与形
状误差(图中 δ 值为加工圆锥
面时产生的加工误差值),直
接影响工件的加工精度。

图 5 - 48　刀尖与刀尖圆弧

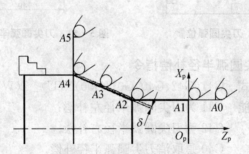

图 5 - 49　假想刀尖的加工误差

在实际生产中,若工件加工精度要求不高或留有精加工余量时可忽略此误差,否则应考虑刀尖圆弧半径对工件形状的影响,采用刀具半径补偿。采用刀具半径补偿功能后可按工件的轮廓线编程,数控系统会自动计算刀心轨迹并按刀心轨迹运动,从而消除了刀尖圆弧半径对工件形状的影响。

(2) 刀具半径补偿的方法

刀具半径补偿可通过从键盘输入刀具参数,并在程序中采用刀

具半径补偿指令实现。刀具参数包括刀尖半径、假想刀尖圆弧位置,必须将这些参数输入刀具偏置寄存器中。如果采用刀尖圆弧半径补偿方法,如图 5－50 所示,把刀尖圆弧半径和刀尖圆弧位置等参数输入刀具数据库内,这样我们可以按工件轮廓编程,数控系统自动计算刀心轨迹,控制刀心轨迹进行切削加工,如图 5－51 所示,这样通过刀尖圆弧半径补偿的方法消除了由刀尖圆弧而引起的加工误差。

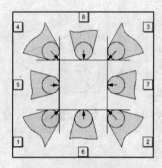

图 5－50　刀尖圆弧位置

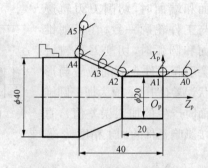

图 5－51　刀尖圆弧半径补偿

3. 刀尖圆弧半径补偿指令

指令格式　　G41(G42、G40)G01(G00)X(U)_ Z(W)_

指令功能　　G41 为刀尖圆弧半径左补偿;

　　　　　　G42 为刀尖圆弧半径右补偿;

　　　　　　G40 是取消刀尖圆弧半径补偿。

指令说明　　顺着刀具运动方向看,刀具在工件的左边为刀尖圆弧半径左补偿;刀具在工件的右边为刀尖圆弧半径右补偿。只有通过刀具的直线运动才能建立和取消刀尖圆弧半径补偿,如图 5－52 所示。

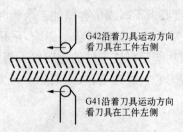

G42沿着刀具运动方向看刀具在工件右侧

G41沿着刀具运动方向看刀具在工件左侧

图 5－52　刀具半径补偿

[例 15]　如图 5－51,运用刀尖圆弧半径补偿指令编程。

编程如下：

......

N010 G00 X20 Z2	快进至 A0 点
N020 G42 G01 X20 Z0	刀尖圆弧半径右补偿 A0‑A1
N030 Z—20	A1‑A2
N040 X40 Z—40	A2‑A3‑A4
N050 G40 G01 X80 Z—40	退刀并取消刀尖圆弧半径补偿
	A4‑A5

......

五、数控车床的对刀

对刀是数控加工必不可少的一个过程。数控车床刀架上安装的刀具,在对刀前刀尖点在工件坐标系下的位置是无法确定的,而且各把刀的位置差异也是未知的。对刀的实质是测出各把刀的位置差,将各把刀的刀尖统一到同一工件坐标系下的某个固定位置,以便各刀尖点均能按同一工件坐标系指定的坐标移动。

对刀点的位置是以刀具的"刀位点"来表示的,刀位点是刀具上的一点,不同的刀具形状,其刀位点的规定不同,如立铣刀和端铣刀,刀位点为其底面中心;球头铣刀为球头球心;车刀、镗刀和钻头则为刀尖或钻尖。

对刀点可选在工件上,也可以选在工件以外,但必须与工件坐标系的原点有一定的尺寸关系,如图 5‑53 所示。

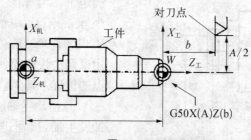

图 5‑53

1. 对刀的基本方法

在数控加工生产实践中,对刀的方法有多种,不同类型的数控车床采用的对刀形式可以有所不同。归纳起来为三大类:

(1) 找正法对刀。

该方法是采用通用量具通过直接或间接的方法来找到刀具相对工件的正确位置。实践中具体方法有多种:

1) 用量具(如游标卡尺等)直接测量刀具与工件定位基准之间的尺寸,确定刀具相对工件的位置。这种方法简单易行,但对刀精度较低。

2) 首先把刀具刀位点与夹具定位元件的工作面(工件定位基准)对齐,然后移开刀具至对刀尺寸,其对刀精度直接取决于刀位点与工件定位基准对齐的精度。

3) 将工件加工面先试切一刀,测出工件尺寸,间接算出对刀尺寸,然后刀具移至对刀尺寸位置,这种方法对刀精度相对较高。

4) 多把刀具对刀时只对基准刀具,然后测出其余刀具的刀位点与基准刀之间的偏差,并作为该刀具的刀补值,其余刀具不需对刀。找正法对刀效率低,对刀精度受人为因素的影响较大,但方法简单,不需专用辅助设备,因此被广泛应用于经济型低档数控机床的对刀。

数控车床上多采用找正法对刀,如图 5 – 54 所示。编程时,编程人员通过 G50 指令确定了 1 号车刀刀尖在工件坐标系 XOZ 中的起点位置 $P_0(100, 200)$ 后。加工时,可用试切法快速简便地找到 P_9 点的位置。其调整步骤如下:

① 启动主轴旋转,手摇脉冲发生器,接通进给轴(X 轴或 Z 轴),刀具趋向工什,车外

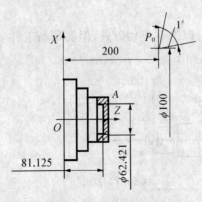

图 5 – 54 对刀点确定

圆一刀,刀具再沿+Z方向退出。

② 刀具再趋向工件,车端面一刀,刀具再沿+X方向退到A点。

③ 按操作面板上的软键"相对"键,显示器"X、Z"变为"U、W",再分别按"U"键、"CAN"键和"W"键、"CAN"键,将 U 值和 W 值清零。

④ 千分尺测量工件,测得工件直径ϕ62.421,长度为81.125。

⑤ 计算差值:$100-62.421=37.579,200-81.125=118.875$。

⑥ 手摇脉冲发生器,刀具移动,观察 CRT 显示器,直至显示$U=37.579,W=1\,118.875$为止。此时,刀具刀位点调到距离工件坐标系原点 O 的距离为(100,200)的P_0点。

(2) 专用对刀仪对刀

该方法是借助专门的对刀仪器来找准刀具刀位点相对工件的位置,这种方法需配置对刀仪等辅助设备,成本较高,装卸刀具费力。但可提高对刀的效率和对刀的精度,一般用于精度要求较高的数控机床的对刀。

(3) 自动对刀

该方法是利用 CNC 装置的刀具检测功能,自动精确地测出刀具各坐标方向的长度,自动修正刀具补偿值,并且不用停顿就能直接加工工件。这种方法对刀精度和效率非常高,但需自动对刀系统,并且 CNC 装置应具有刀具自动检测辅助功能,成本高,一般只用于高档数控机床的对刀。

六、子程序的应用

1. 子程序的概念

在一个加工程序中,如果其中有些加工内容完全相同或相似,为了简化程序,可以把这些重复的程序段单独列出,并按一定的格式编写成子程序。主程序在执行过程中如果需要某一子程序,通过调用指令来调用该子程序,子程序执行完后又返回到主程序,继续执行后面的程序段。

(1) 子程序的嵌套

为了进一步简化程序,可以让子程序调用另一个子程序,这种程序的结构称为子程序嵌套。在编程中使用较多的是二重嵌套,其程序执行情况如图 5-55 所示。

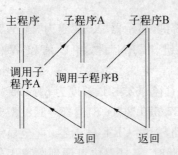

图 5-55 子程序调用

(2) 子程序的应用

1) 零件上若干处具有相同的轮廓形状 在这种情况下,只要编写一个加工该轮廓形状的子程序,然后用主程序多次调用该子程序的方法完成对工件的加工。

2) 加工中反复出现具有相同轨迹的走刀路线 如果相同轨迹的走刀路线出现在某个加工区域或在这个区域的各个层面上,采用子程序编写加工程序比较方便,在程序中常用增量值确定切入深度。

3) 在加工较复杂的零件时,往往包含许多独立的工序,有时工序之间需要作适当的调整,为了优化加工程序,把每一个独立的工序编成一个子程序,这样形成了模块式的程序结构,便于对加工顺序的调整,主程序中只有换刀和调用子程序等指令。

2. 调用子程序 M98 指令

指令格式　　M98 P＿＿　××××

指令功能　　调用子程序

指令说明　　P＿＿为要调用的子程序号。××××为重复调用子程序的次数,若只调用一次子程序可省略不写,系统允许重复调用次数为 1~9 999 次。

3. 序结束 M99 指令

指令格式　　M99

指令功能　　子程序运行结束,返回主程序

指令说明　　1) 执行到子程序结束 M99 指令后,返回至主程序,继续执行 M98 P＿＿ ××××程序段下面的主程序;

2) 若子程序结束指令用 M99 P＿＿格式时,表示执行完子程序

后,返回到主程序中由 P____指定的程序段;

3) 若在主程序中插入 M99 程序段,则执行完该指令后返回到主程序的起点。

4) 若在主程序中插入 M99 程序段,当程序跳步选择开关为"OFF"时,则返回到主程序的起点;当程序跳步选择开关为"ON"时,则跳过/M99 程序段,执行其下面的程序段;

5) 若在主程序中插入/M99 P____程序段,当程序跳步选择开关为"OFF"时,则返回到主程序中由 P____指定的程序段;当程序跳步选择开关为"ON"时,则跳过该程序段,执行其下面的程序段。

4. 序的格式

O 或(:)××××

……

M99

格式说明:其中 O(或:)××××为子程序号,"O"是 EIA 代码,":"是 ISO 代码。

5. 子程序编程实例

[例 16] 已知:毛坯直径 ϕ32 mm,长度为 77 mm,1 号刀具为外圆车刀,3 号刀具为切断刀,其宽度为 2 mm(如图 5 - 56 所示)。试编程。

编程如下:

O10

N01 G50 X150.0 Z100.0;

N02 M03 S800 T0101;

N03 M08;

N04 G00 X35.0 Z0;

N05 G01 X1.0 F0.3;

N06 G00 Z2.0;

N07 G00 h30.0;

N08 G01 Z − 55 .0 F0.3;

N09 G00 X150.0 Z100.0 T0100;

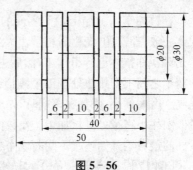

图 5 - 56

N10 X32. 0 Z0 T0303；

N11 M98 P152； （调用子程序 O15,调用 2 次）

N12 G00 W−12. 0；

N13 G01 X0 F0. 12；

N14 G04 X2. 0；

N15 G00 X150. 0 Z100. 0 M09 T0300；

N16 M30；

O15 （子程序名）

N100 G00 W−12. 0；

N110 G01 U−12. 0 F0. 15；

N120 G04 X1. 0；

N130 G00 U12. 0；

N140 W−8. 0；

N150 G01 U−12. 0 F0. 15；

N160 G04 X1. 0；

N170 G00 U12. 0；

N180 M99； （子程序结束）

七、编程实例

在数控车床上加工轴类零件的方法,与在普通车床的加工方法大体一致,都遵循"先粗后精""由大到小"等基本原则。先粗后精,就是先对零件整体进行粗加工,然后进行半精车、精车。如果在半精车与精车之间不安排热处理工序,则半精车和精车就可以在一次装夹中完成。由大到小,就是在车削时,先从零件的最大直径处开始车削,然后依次往小直径处进行加工。在数控机床上精车轴类零件时,往往从零件的最右端开始连续不间断地完成整个零件的切削。

［例17］ 设毛坯是 φ40 的长棒料,要求编制出如图 5−57 所示零件的数控加工程序。

1. 工艺分析

1) 先车出右端面,并以此端面的中心为原点建立工件坐标系。

2）该零件的加工面有外圆、螺纹和槽，可采用 G71 粗车出外圆和锥度，然后采用 G70 精车外圆和锥度，接着切槽、车螺纹，最后切端面。注意退刀时，先从 X 方向进刀退刀，再从 Z 方向退刀，以免刀具撞上工件。

2. 确定工艺方案

1）从右至左粗加工各面；

2）从右至左精加工各面；

3）车退刀槽；

4）车螺纹；

5）切断。

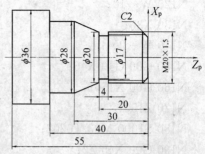

图 5-57

3. 选择刀具及切削用量

1）选择刀具。

① 外圆刀 T0101：粗加工。

② 外圆刀 T0202：精加工。

③ 切断刀 T0303：宽 4 mm，车槽、切断。

④ 螺纹刀 T0404：车螺纹。

2）确定切削用量。

粗车外圆 S500 r/mm、F0.15 mm/r；精车外圆 S1 000 r/min、F0.08 mm/r；车退刀槽 S500 r/min、F0.05 mm/r；车螺纹 S600 r/min；切断 S300 r/min、F0.05 mm/r。

4. 编程

O1004

N10 G97 G99；

N20 S500 M03；

N30 G00 X150 Z150 T0101；

N40 G00 X4.5 Z2；

N50 G71 U2 R1；   外圆粗车循环

N60 G71 P10 Q11 U0.5 W0 F0.15；精车路线为 N10～N11 指定

N70 G00 G42 X14 Z1；

N80 G01 X19.9 W−2 F0.08；

N90 Z—20；

N100 X20；

N110 X28 Z—30；

N120 W—10；

N130 X36；

N140 W—20；

N150 G00 G40 X45；

N160 G00 X150；

N170 Z150；

N180 S1000 M03 T0202；

N190 G00 X45 Z2；

N200 G70 P10 Q11；　　　　　　　精车

N210 G00 X150；

N220 Z150；

N230 S500 M03 T0303；

N240 G00 X24 Z—20；

N250 G01 X17 F0.05；　　　　　　车退刀槽

N260 G00 X150；

N270 Z150；

N280 S600 M03 T0404；

N290 G00 X20 Z2；

N300 G92 X19.2 Z—18 F1.5；　　第一次车螺纹

N310 X18.6；　　　　　　　　　　第二次车螺纹

N320 X18.2；　　　　　　　　　　第三次车螺纹

N330 X18.04；　　　　　　　　　第四次车螺纹

N340 G00 X150；

N350 Z150；

N360 S300 M03 T0303；

N370 G00 X40 Z—59；

N380 G01 X—1 F0.05；　　　　　　切断

N390 G00 X150；

N400 M05；

M30；　　　　　　　　　　程序结束

第三节　数控铣床编程及基本指令

数控铣床主要能铣削平面、沟槽和曲面，还能加工复杂的型腔和凸台。数控铣床主轴安装铣削刀具，在加工程序控制下，安装工件的工作台沿着 X、Y、Z 三根坐标轴的方向运动，通过不断改变铣削刀具与工件之间的相对位置，加工出符合图纸要求的工件。由于数控铣床配置的数控系统不同，使用的指令在定义和功能上有一定的差异，但其基本功能和编程方法还是相同的。

一、数控铣床编程基础

1. 数控铣床的主要功能

（1）点位控制功能

数控铣床的点位控制主要用于工件的孔加工，如中心钻定位、钻孔、扩孔、锪孔、铰孔和镗孔等各种孔加工操作。

（2）连续控制功能

通过数控铣床的直线插补、圆弧插补或复杂的曲线插补运动，铣削加工工件的平面和曲面。

（3）刀具半径补偿功能

如果直接按工件轮廓线编程，在加工工件内轮廓时，实际轮廓线将大了一个刀具半径值；在加工工件外轮廓时，实际轮廓线又小了一个刀具半径值。使用刀具半径补偿的方法，数控系统自动计算刀具中心轨迹，使刀具中心偏离工件轮廓一个刀具半径值，从而加工出符合图纸要求的轮廓。利用刀具半径补偿的功能，改变刀具半径补偿量，还可以补偿刀具磨损量和加工误差，实现对工件的粗加工和精加工。

（4）刀具长度补偿功能

改变刀具长度的补偿量，可以补偿刀具换刀后的长度偏差值，还可以改变切削加工的平面位置,控制刀具的轴向定位精度。

(5)固定循环加工功能

应用固定循环加工指令,可以简化加工程序,减少编程的工作量。

(6)子程序功能

如果加工工件形状相同或相似部分,把其编写成子程序,由主程序调用,这样简化程序结构。

2. 数控铣床加工范围

(1)平面加工

数控机床铣削平面可以分为对工件的水平面(XY)加工,对工件的正平面(XZ)加工和对工件的侧平面(YZ)加工。只要使用两轴半控制的数控铣床就能完成这样平面的铣削加工。

(2)曲面加工

如果铣削复杂的曲面则需要使用三轴甚至更多轴联动的数控铣床。

二、数控铣床基本指令

1. 绝对坐标输入方式指令(G90)和增量坐标输入方式指令(G91)

指令格式　　G90

　　　　　　G91

指令功能　　设定坐标输入方式

指令说明　　1)G90指令建立绝对坐标输入方式,移动指令目标点的坐标值 X、Y、Z 表示刀具离开工件坐标系原点的距离;

2)G91指令建立增量坐标输入方式,移动指令目标点的坐标值 X、Y、Z 表示刀具离开当前点的坐标增量。

[例1]　如图5-58所示,刀具从 A 点快速移动至 C 点,使用绝对坐标与增量坐标方式编程。

绝对坐标编程:

G92　X0　Y0　Z0　　　　　　　设工件坐标系原点,换刀点 O 与

				机床坐标系原点重合
G90	G00	X15	Y−40	刀具快速移动至 O_p 点
G92	X0	Y0		重新设定工件坐标系,换刀点 O_p 与工件坐标系原点重合
G00	X20	Y10		刀具快速移动至 A 点定位
X60	Y30			刀具从始点 A 快移至终点 C

用增量值方式编程

G92 X0 Y0 Z0
G91 G00 X15 Y−40
G92 X0 Y0
G00 X20 Y10
X40 Y20

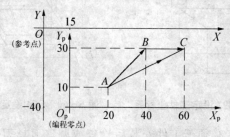

图 5−58 快速定位

在上例题中,刀具从 A 点移动至 C 点,若机床内定的 X 轴和 Y 轴的快速移动速度是相等的,则刀具实际运动轨迹为一折线,即刀具从始点 A 按 X 轴与 Y 轴的合成速度移动至点 B,然后再沿 X 轴移动至终点 C。

2. 设定工件坐标系指令

加工开始时需要在机床上设定工件坐标系,设定了工件坐标系后,程序可以用工件坐标系的绝对值工作,运行工件坐标系编制的加工程序。

使用下列三种方法之一设置工件坐标系:

第一种方法是用 G92 法,在程序中在 G92 后指定一个值来设定工件坐标系。

第二种方法是用 G54 到 G59 法。

第三种方法是自动设置。当执行手动返回参考点时自动设定工件坐标系。

(1) 设置工件坐标系 G92

指令格式　G92 X＿ Y＿ Z＿

指令功能　设定工件坐标系

指令说明　1) 在机床上建立工件坐标系(也称编程坐标系);

2) 如图 5－59 所示,坐标值 X、Y、Z 为刀具刀位点在工件坐标系中的坐标值(也称起刀点或换刀点);

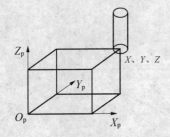

图 5－59　G92 设定工件坐标系　　　图 5－60　G54 设定工件坐标系

3) 操作者必须于工件安装后检查或调整刀具刀位点,以确保机床上设定的工件坐标系与编程时在零件上所规定的工件坐标系在位置上重合一致;

4) 对于尺寸较复杂的工件,为了计算简单,在编程中可以任意改变工件坐标系的程序零点。

在数控铣床中有两种设定工件坐标系的方法,一种方法如图 5－59 所示,先确定刀具的换刀点位置,然后由 G92 指令根据换刀点位置设定工件坐标系的原点,G92 指令中 X、Y、Z 坐标表示换刀点在工件坐标系 $X_pY_pZ_p$ 中的坐标值;另一种方法如图 5－60 所示,通过与机床坐标系 XYZ 的相对位置建立工件坐标系 $X_pY_pZ_p$,如有的数控系统用 G54 指令的 X、Y、Z 坐标表示工件坐标系原点在机床坐标系中的坐标值。

(2) 设置工件坐标系 G54 到 G59

用程序原点偏置指令 G54~G59 建立工件坐标系,G54~G59 是程序原点偏置指令。用程序原点偏置设定工件坐标系需要两个操作步骤完成。

步骤一:通过对刀、测量,把程序原点偏置量存入偏置存储器。工件原点偏置存储器有 6 个,即 G54~G59。

步骤二:在程序中给出程序原点偏置指令。与原点偏置存储器对应原点偏置指令也是 6 个(G54~G59),G54~G59 指令机床数控系统完成原点偏置,实质是坐标系平移,将坐标系原点平移到程序原点上。数控系统就可以运行工件坐标系编制的加工程序了。

下面以在 XY 平面的原点偏置为例说明,如图 5-61 所示,坐标点(X_1, Y_1)是 XY 面内 G54 所设定的程序原点的位置,坐标(X_1, Y_1)为程序原点偏置量,G54 原点偏置存储器中存入偏置量为(X_1, Y_1, Z_1)。当程序中给出程序原点偏置指令 G54 时,在机床上建立了以(X_1, Y_1, Z_1)为原点的工件坐标系。

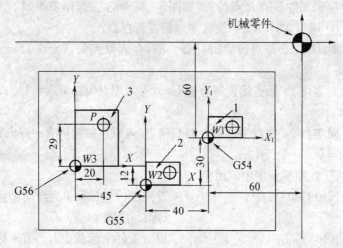

图 5 - 61　设定工件坐标系

如图 5 - 62 所示。程序中有 6 个原点偏置存储器(G54~G59),在机床工作台上可任意设定 6 个程序原点的位置,用指令

G55～G59 建立、运行相应的工件坐标系。

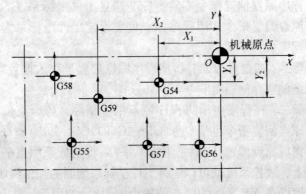

图 5-62　多个程序原点设置

[**例 2**]　设置多个程序原点,用 G54～G59 指令选择工件坐标系。

在工作台上装夹 3 个工件,每个工件设置一个坐标系,刀具快速定位到工件 3 的 P 点位置,如图 5-62 所示。操作步骤如下。

① 通过 MDI 面板,设置原点偏置寄存器。

对零件 1:原点偏置寄存器 G54,存入原点偏 $X=60$；$Y=60$；$Z=0$

对零件 2:原点偏置寄存器 G55,存入原点偏置量 $X=100$；$Y=90$；$Z=0$

对零件 3:原点偏置寄存器 G56,存入原点偏置量 $X=145$；$Y=78$；$Z=0$

② 在加工程序中调用:

N10 G90 G54；　　　　　　　设定工件坐标系 1 为当前坐标系
　　　　　　　　　　　　　　（W1 为程序原点）

N100 G55；　　　　　　　　　设定工件坐标系 2 为当前坐标系
　　　　　　　　　　　　　　（W2 为程序原点）

N200 G56；　　　　　　　　　设定工件坐标系 3 为当前坐标系
　　　　　　　　　　　　　　（W3 为程序原点）

N300 G90 G00X20.0 Y29.0；定位到工件坐标系 3 的 *P* 点
　　　　　　　　　　　　　(*X*20，*Y*20)位置

3. 快速定位指令 G00

指令格式　　G00 X_ Y_ Z_

指令功能　　命令刀具以点位控制方式，从刀具所在点以最快的
速度，移动到目标点。

指令说明　　X_ Y_ Z_为目标点的坐标，机床快速运动的速度
不需要指定，而是由生产厂家确定。

如图 5 - 63 所示，刀具从起
点 *A* 快速运动到目标点 *B* 的程
序为：

G90 G00 X210.0 Y120.0；
(绝对坐标编程)

G91 G00 X194.0 Y104.0；
(增量坐标编程)

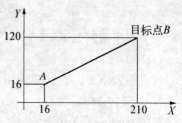

图 5 - 63　G00、G01 指令的应用

4. 直线插补指令

指令格式　　G01 X_ Y_ Z_ F_

指令功能　　让刀具按给定的进给速度直线插补到指定目标点。

指令说明　　X_ Y_ Z_为目标点的坐标，F 指定刀具的进给速
度，也称 F 功能，用字母 F 及其后面的若干位数字来表示，单位为
mm/min 或者 mm/r。

对于如图 5 - 63 所示，刀具从 *A* 点以 F300 移动到 *B* 点的程
序为：

G90 G01 X210.0 Y120.0 F300；(绝对坐标编程)

G90 G01 X194.0 Y104.0 F300；(增量坐标编程)

[例 3]　如图 5 - 64 所示，毛坯尺寸为 75 mm × 60 mm ×
15 mm，加工如图所示的键槽，(槽宽 10 mm)

解：

(1) 确定工件坐标系 *O* 点；

(2) 选择 φ10 mm 的键槽铣刀；

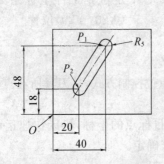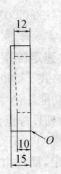

图 5 - 64

（3）程序编制如下：

O1130

N01 G92 X0.0 Y0.0 Z30.0；　　　　　用 G92 确定工件坐标系

N05 S500 M03 T01；　　　　　　　　主轴顺时针转，选刀

N10 G90 G00 X40.0 Y 48.0 Z2.0；　绝对坐标编程，快速定位
　　　　　　　　　　　　　　　　　　到 P_1 处 R 平面上

N12 G01 Z—12.0 F0.2；

N14　　X20.0 Y18.0 Z—10.0；

N16 G01 Z2.0；　　　　　　　　　　退刀

N18 G00 Z30.0；　　　　　　　　　　返回起始平面

N19 X0.0 Y0.0；　　　　　　　　　　返回原点

N20 M05；

N23 M02；　　　　　　　　　　　　　程序结束

5. 插补平面选择指令（G17、G18、G19）

插补平面选择指令（G17、G18、G19）用于选择圆弧插补和刀具
半径补偿平面。如图 5 - 65 所示。该组指令为模态指令，一般系统
初始状态为 G17 状态。故 G17 可省略。

指令格式　　G17

　　　　　　　G18

　　　　　　　G19

指令功能 表示选择的插补平面

指令说明 （1）G17 表示选择 XY 平面；

（2）G18 表示选择 ZX 平面；

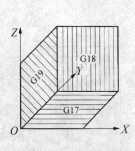

图 5‑65 插补平面选择

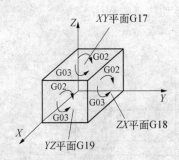

图 5‑66 圆弧插补

6. 圆弧插补 G02、G03 指令

刀具切削圆弧表面时,需要采用圆弧插补指令,G02、G03 为圆弧插补指令。

指令格式：

XY 平面内的圆弧：$G17 \begin{Bmatrix} G02 \\ G03 \end{Bmatrix} X\_ \quad Y\_ \begin{Bmatrix} I\_J\_ \\ R\_ \end{Bmatrix} F\_$

XZ 平面内的圆弧：$G18 \begin{Bmatrix} G02 \\ G03 \end{Bmatrix} X\_ \quad Y\_ \begin{Bmatrix} I\_J\_ \\ R\_ \end{Bmatrix} F\_$

XY 平面内的圆弧：$G19 \begin{Bmatrix} G02 \\ G03 \end{Bmatrix} X\_ \quad Y\_ \begin{Bmatrix} I\_J\_ \\ R\_ \end{Bmatrix} F\_$

指令功能 G02 为顺时针方向圆弧插补,G03 为逆时针方向圆、圆弧插补。圆弧的顺、逆方向的判别方法：在直角坐标系中,朝着垂直于圆弧平面坐标轴的负方向看,刀具沿顺时针方向进给运动为 G02,沿逆时针方向圆弧运动为 G03。如图 5‑66 所示。

指令说明 （1）X、Y、Z 为圆弧终点坐标值。

（2）圆弧的圆心角≤180°时用 R 取正值编程,圆弧的圆心角＞180°时用 R 取负值编程。

（3）I、J、K 分别为圆弧圆心相对圆弧起点在 X、Y、Z 轴方向的坐标增量。

（4）整圆编程时不可以使用 R。

[例4] 如图5-67所示，刀具位于起点，编写图中从起点到终点运动轨迹的程序。

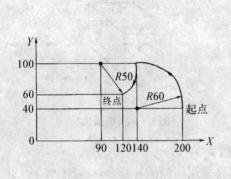

图 5-67 圆弧插补示例

图 5-68 Z 轴进给路线

解：

（1）采用绝对值编程方式 G90 时

G92 X200 Y40 Z0

G90 G03 X140 Y100 I—60 J0(或 R60)F300   A→B

G02 X120 Y60 I—50 J0(或 R50)F300   B→C

（2）采用增量值编程方式 G91 时

G92 X200 Y40 Z0

G91 G03 X—60 Y6Q I—60 J0(或 R60)F300   A→B

G02 X—20 Y—40 I—50 J0(或 R50)F300   B→C

7. Z 轴移动指令

在实际加工中都是有切削深度的，在编程时由 Z 轴运动指令实现。刀具在 Z 向进给有两个常用位置：安全平面和参考平面。

安全平面。刀具的起刀位量和退刀位置必须离开工件上表面一个安全高度（通常取 20～100 mm），以保证刀具在横向运动时，不与工件和夹具发生碰撞,在安全高度上刀尖所在平面也称为安全平面(或初始平面)。

参考平面。刀具切削工件前的切入距离,一般距工件上表面 1~7 mm,这个位置通常也称为参考平面(或 R 面)。刀具从安全平面到参考平面,不切削,宜采用快速进给。刀具从参考平面开始,采用切削进给速度逐渐切入工件。

8. 螺旋线插补

指令格式:

XY 平面圆弧螺旋线:

G17 G02 (G03) X_ Y_ I_ J_ Z_ K_ F_

ZX 平面圆弧螺旋线:

G18 G02 (G03) X_ Y_ I_ J_ Z_ K_ F_

YZ 平面圆弧螺旋线:

G19 G02 (G03) X_ Y_ I_ J_ Z_ K_ F_

指令功能:在圆弧插补时,垂直插补平面的直线轴同步运动,构成螺旋线插补运动,如图 5-69 所示。G02,G03 分别表示顺时针、逆时针螺旋线插补,判断方向的方法同圆弧插补。

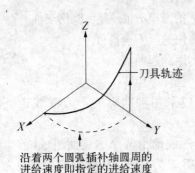

沿着两个圆弧插补轴圆周的进给速度即指定的进给速度

图 5-69 螺旋线切法

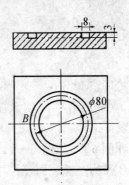

图 5-70 加工圆弧

指令说明:

(1) X、Y、Z 为螺旋线的终点坐标值。

（2）I、J 分别为圆心，在 X、Y 或者 Z、X 或者 ZY 平面上，是相对螺旋线起点的增量。

（3）K 是螺旋线的导程，为正值。

立铣刀切入封闭的槽，在参考平面刀具不能沿 Z 向直线切入工件实体，而应按斜线（坡走下刀）或螺旋线（螺旋下刀）轨迹切入工件。

[例 5]　在如图 5-70 所示零件图上加工宽为 8 mm 圆弧槽。工件坐标原点定在坯料中心，选用 ϕ8 的立铣刀。试编制加工程序。

解：

程序编制如下：

O1212	第 1212 号程序
N10 G54 G90 G17 G00	设定坐标系，刀具快速至安全高度
Z50.0 S1000 M03；	
N20 X−36.0；	在安全面内刀具到 B 点上方
N30 Z1.0；	快速接近工件至 R 面
N40 G03 X36.0 Y0	螺旋下刀，切入工件深 3 mm
Z−3.0 I36.0 J0 F50.0；	
N50 I−36.0；	切削整圆槽
N60 G01 Z1.0；	抬刀至 R 面，避免擦伤工件
N70 G00 Z50.0；	快速至安全高度
N80 X0 Y0；	回到起始点
N90 M02；	程序结束

立铣刀沿轴线切入工件，应采用轴向螺旋下刀或坡走下刀路线。

[例 6]　如图 5-71 所示螺旋槽由两个螺旋面组成，前半圆 AmB 弧为左螺旋面，后半圆 AnB 弧为右旋面。螺旋槽最深出为 A 点，最浅处为 B 点。（图中虚线为走刀轨迹）。要求用 ϕ8 的立铣刀进行加工，试编制加工程序。

解：

计算求得刀心轨迹坐标如下：

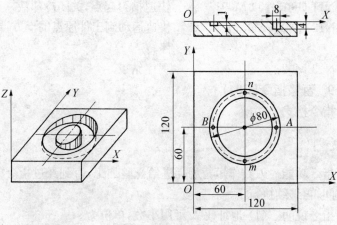

图 5 - 71　螺旋槽加工

A 点：$X=96,Y=60,Z=-4$

B 点：$X=24,Y=60,Z=-1$

导程：$K=6$

数控加工程序编制如下：

O2222	程序名
N1 G90 G92 X0 Y0 Z100；	设置工件零件于 O 点
N2 T01；	选择刀具
N3 G00 X24 Y60；	快速运动到 B 点
N4 Z2；	快速移 Z 轴到 B 点上方 2 mm 处
N5 M03 S1000；	启动主轴正转 1 000 r/min
N6 M07；	开启冷却液
N7 G01 Z−1 F50；	Z 轴直线插补进刀，进给速度 50 mm/min
N8 G03 X96 Y60 Z−4 I36 J0 K8 F150；	螺旋插补 BmA 弧，进给速度 150 mm/min
N9 G03 X24 Y60 Z−1 I−36 J0 K6；	螺旋插补 AnB 弧

N10 G01 Z1.5;　　　　　进给抬刀,以免擦伤工件

N11 G00 Z100 M09;　　　快速抬刀起点,关闭冷却液

N12 X0 Y0 M05;　　　　快速运动到工件原点的上方,主轴
　　　　　　　　　　　　　停转

N13 M02;　　　　　　　程序结束

9. 暂停指令(G04)

指令格式

$$G04 \begin{cases} X\_ \\ P\_ \end{cases}$$

指令功能　　刀具作短暂的无进给光整加工,直到经过指令的暂停时间,再继续执行下一程序段。

指令说明　　(1)地址码 X 可用小数,单位为 s;

(2)地址码 P 只能用整数,单位为 ms。

如暂停 5s 可写为 G04X5.0;地址 P 不允许用小数点输入,只能用整数,单位为 ms,如暂停 5s 可写为 G04P5000。此功能常用于切槽或钻盲时的孔底光顺。

10. 返回参考点指令(G27、G28、G29)

(1)参考点

接通机床电源后需要手动回参考点(或称返回零点),在数控系统内建立坐标系,这时,机床主轴端的基准点与机床零点重合,机床坐标系显示的坐标值为零(或为换刀点坐标)。在参考点位置上交换刀具或设定坐标系。参考点是机床上的一个固定点,用参考点返回功能,刀具可以快速移动到参考点位置。

1)自动返回参考点指令(G28)

指令格式　　G28 X__ Y__ Z__

指令功能　　刀具经指定的中间点(图中 B 点位置)快速返回参考点。

指令说明　　① 坐标值 X__Y__Z__为中间点坐标;

② 刀具返回参考点时避免与工件或夹具发生干涉;

③ 通常 G28 指令用于返回参考点后自动换刀,执行该指令前

必须取消刀具半径补偿和刀具长度补偿。

G28 指令的功能是刀具经过中间点快速返回参考点,指令中参考点的含义,如果没有设定换刀点,那么参考点指的是回零点,即刀具返回至机床的极限位置;如果设定了换刀点,那么参考点指的是换刀点,通过返回参考点能消除刀具在运行过程中的插补累积误差。指令中设置中间点的意义是设定刀具返回参考点的走刀路线。如 G91 G28 X0 Z0 表示刀具先从 Y 轴的方向返回至 Y 轴的参考点位置,然后从 X 轴的方向返回至 X 轴的参考点位置,最后从 Z 轴的方向返回至 Z 轴的参考点位置。

(2) 从参考点移动至目标点指令(G29)

指令格式 G29 X__ Y__ Z__

指令功能 刀具从参考点经过指定的中间点快速移动到目标点。

指令说明 1) 返回参考点后执行该指令,刀具从参考点出发,以快速点定位的方式,经过由 G28 所指定的中间点到达由坐标值 X___Y___Z 所指定的目标点位置;

2) X___Y___Z___表示目标点坐标值,G90 指令表示目标点为绝对值坐标方式,G91 指令表示目标点为增量值坐标方式,则表示目标点相对于 G28 中间点的增量;

3) 如果在 G29 指令前,没有 G28 指令设定中间点,执行 G29 指令时,则以工件坐标系零点作为中间点。

[例7] 如图 5 - 72 所示,刀具从 A 点经过中间点 B 返回参考点 R,换刀后再经过中间点 B 到 C 点定位,使用绝对坐标与增量坐标方式编程。

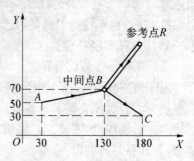

图 5 - 72 自动返回参考点

用绝对值方式编程

G90 G28 X130 Y70   当前点 A→B→R

M06　　　　　　　　　　　　　换刀

G29　X180　Y30　　　　　　参考点 R→B→C

用增量值方式编程

G91　G28　X100　Y20

M06

G29　X50　Y－40

若程序中无 G28 指令,则程序段

G90　G29　X180　Y30　　　进给路线为 A→O→C。

（3）参考点返回检查 G27

编程格式：G27 X__ Y__ Z__

指令功能　用于检查机床是否能准确返回参考点。

指令说明　该命令使被指令轴以快速定位进给速度运动到指令的位置,然后检查该点是否为参考点,如果是,则发出该轴参考点返回的完成信号（点亮该轴的参考点到达指示灯）；如果不是,则发出一个报警,并中断程序运行。

在刀具偏置的模态下,刀具偏置对 G27 指令同样有效,所以一般来说执行 G27 指令以前应该取消刀具偏置（半径偏置和长度偏置）。

机床锁住接通状态。在机床锁住开关接通时即使刀具已经自动地返回到参考点,返回完成指示灯也不亮。在这种情况下即使指定 G27 指令,也不检测刀具是否已经返回到参考点。

11. 刀具半径补偿

（1）刀具半径补偿的目的

由于铣刀具有一定的半径,所以铣削时刀具中心轨迹和工件轮廓不重合。若数控装置不具备刀具半径自动补偿功能,则只有按刀心轨迹进行编程,如图 5 - 73 中细实线所示,其数据计算有时相当复杂,尤其当刀具磨损、重磨、换新刀而导致刀具直径变化时,必须重新计算刀心轨迹,修改程序,这样既繁琐,又不易保证加工精度。如果数控系统具备刀具半径补偿功能时,编程只需按工件轮廓线进行,如图 5 - 73 中粗实线所示,数控系统会自动计算刀心轨迹坐标,使刀具偏离工件轮廓一个半径值,即进行半径补偿。

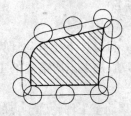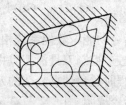

图 5–73 刀具半径补偿

（2）刀具半径补偿的方法

在数控面板上输入被补偿刀具的半径补偿值,将其储存在刀具补偿寄存器中,编程时采用半径补偿指令,即可进行刀具半径补偿。刀具半径补偿的代码有 G40、G41、G42,都是模态代码。G40 是取消刀具半径补偿功能,机床初始状态即为 G40;G41 为刀具半径左补偿（左刀补）,在相对于刀具前进方向的左侧进行补偿,如图 5–74a 所示,此时为顺铣;G42 是在相对于刀具前进方向的右侧进行补偿,称为右补偿（右刀补）,如图 5–74b 所示,此时为逆铣。

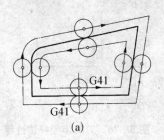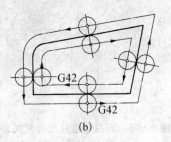

图 5–74 刀具半径的左右补偿

（a）刀具左补偿；（b）刀具右补偿

判断左、右刀补的方法还可采用左、右手法则:伸开手掌朝上,五指并拢,将手掌和四指当作工件,大拇指指向刀具运动方向,符合左手法则的为左补偿,符合右手法则的为右补偿。

（3）刀具半径补偿指令（G41、G42）

指令格式

$$\left\{\begin{matrix}G17\\G18\\G19\end{matrix}\right\}\left\{\begin{matrix}G41\\G42\end{matrix}\right\}\left\{\begin{matrix}G00\\G01\end{matrix}\right\}X\_Y\_\ H(或\ D)\_$$

指令功能　数控系统根据工件轮廓和刀具半径自动计算刀具中心轨迹,控制刀具沿刀具中心轨迹移动,加工出所需要的工件轮廓,编程时避免计算复杂的刀心轨迹。

指令说明　1) X__ Y__ 表示刀具移动至工件轮廓上点的坐标值;D 为刀具补偿号也称刀具偏置代号地址字,后面常用两位数字表示代号。D 代码中存放刀具半径值作为偏置量,用于数控系统计算刀具中心的运动轨迹。一般有 D00～D99。偏置量可用 CRT/MDI 方式输入;

2) G17、G18、G19 指定在哪个平面进行补偿,G00 与 G01 为刀具运动指令,刀补必须在 G00 或 G01 状态下完成;

3) 如图 5-75 左图所示,沿刀具进刀方向看,刀具中心在零件轮廓左侧,则为刀具半径左补偿,用 G41 指令;

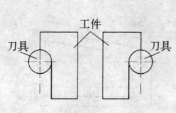

图 5-75　刀具半径补偿位置判断

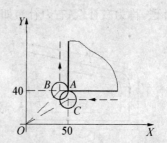

图 5-76　刀具半径补偿过程

4) 如图 5-75 右图所示,沿刀具进刀方向看,刀具中心在零件轮廓右侧,则为刀具半径右补偿,用 G42 指令;

5) 通过 G00 或 G01 运动指令建立刀具半径补偿。

[例8]　如图 5-76 所示,刀具由 O 点至 A 点,采用刀具半径左补偿指令 G41 后,刀具将在直线插补过程中向左偏置一个半径值,使刀具中心移动到 B 点。

解:

编写程序段为：

G41 G01 X50 Y40 F100 H01

H01 为刀具半径偏置代码,偏置量(刀具半径)预先寄存在 H01 指令指定的寄存器中。

(4) 取消刀具半径补偿 G40 指令

指令格式

$$\left\{\begin{matrix} G00 \\ G01 \end{matrix}\right\} G40 \ X\_ \ Y\_$$

指令功能　取消刀具半径补偿

指令说明　1) 指令中的 X__ Y__表示刀具轨迹中取消刀具半径补偿点的坐标值;

2) 通过 G00 或 G01 运动指令取消刀具半径补偿;

3) G40 必须和 G41 或 G42 成对使用。

[例 9]　如图 5-76 所示,当刀具以半径左补偿 G41 指令加工完工件后,通过图中 CO 段取消刀具半径补偿。

解:

其程序段为:

G40 G00 X0 Y0 　　从 C 点到 O 点

(5) 刀具半径补偿功能的应用特点

1) 为避免计算刀具轨迹,可直接用零件轮廓尺寸编程。

2) 运用刀具半径补偿指令,通过调整刀具半径补偿值来补偿刀具的磨损量和重磨量,如图 5-77 所示,r_1 为新刀具的半径,r_2 为磨损后刀具的半径。此外运用刀具半径补偿指令,还可以实现使用同一把刀具对工件进行粗、精加工,如图 5-78 所示,粗加工时刀具半径 r_1 为 $r+\Delta$,精加工时刀具半径补偿值 r_2 为 $r+\Delta$,其中 Δ 为精加工余量。

3) 采用正/负刀具半径补偿加工公和母两个形状,如果偏置量是负值,则 G41 和 G42 互换,即如果刀具中心正围绕工件的外轮廓移动,它将绕着内侧移动,相反亦然。如图 5-79 所示,一般情况下偏置量被编程是正值,刀具轨迹编程如图 5-79a 所示,当偏置量改为负值时刀具中心移动变成如图 5 - 79b 所示。所以同一个程序，能够加工零件公和母两个形状，并且它们之间的间隙可以通过选择偏置量进行调整。

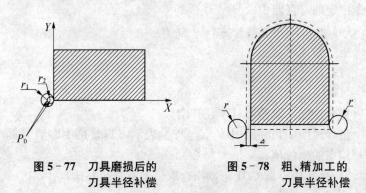

图 5 - 77　刀具磨损后的
　　　　　　刀具半径补偿

图 5 - 78　粗、精加工的
　　　　　　刀具半径补偿

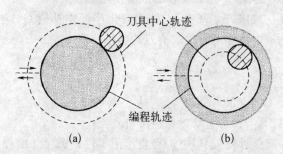

(a)　　　　　　　　　　(b)

图 5 - 79　指定正和负刀具半径补偿值的刀具中心轨迹

4）当建立起正确的偏移向量后，系统就将按程序要求实现刀具中心的运动。要注意的是，在补偿状态中不得变换补偿平面，否则将出现系统报警。

二维轮廓加工，一般均采用刀具半径补偿。在建立刀具半径补偿之前，刀具应远离零件轮廓适当的距离，且应与选定好的切入点和进刀方式协调，保证刀具半径补偿的有效，如图 5 - 76 所示。刀具半径补偿的建立和取消必须在直线插补段内完成。

[例10]　精铣图 5 - 80 所示外轮廓面，切深 2 mm，试用刀具半径补偿指令编程。

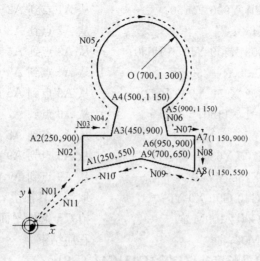

图 5 - 80 刀具半径补偿应用

解：取开始位置为工件零点，采用刀具左补偿，其中 N01 为建立刀补，N011 为取消刀补。刀心轨迹为"O→A1→A2→A3→A4→A5→A6→A7→A8→A9→A1→O"。刀具选择用 φ30 的立铣刀。主轴转速为 1 000 r/min，进给速度为 150 mm/min，刀具偏置地址为 D01，并存入 15，程序名为 O1111。

数控程序编制如下：

O1111	程序名
G90 G92 X0 Y0 Z100；	设置工件坐标系零点于开始位置
T01；	选择刀具
M03 S1000；	启动主轴正转 1 000 r/min
M07；	开冷却液
G00 Z2；	快速移动到工件零点上方
G01 Z 2 F80；	切入工件
N01 G17 G41 G01 X250 Y550 D01；	从开始点到 A1，建立刀具半径补偿

数/控/机/床/工/操/作/技/术

SHUKONGJICHUANGGONGCAOZUOJISHU

N02 G01 Y900 F.150;	从 A1 点到 A2 点加工
N03 X450;	从 A2 点到 A3 点加工
N04 G03 X500 Y1150 R650;	从 A3 点到 A4 点加工
N05 G02 X900 R−250;	从 A4 点到 A5 点加工
N06 G03 X950 Y900 R650;	从 A5 点到 A6 点加工
N07 G01 X1150;	从 A6 点到 A7 点加工
N08 Y550;	从 A7 点到 A8 点加工
N09 X700 Y650;	从 A8 点到 A9 点加工
N010 X250 Y550;	从 A9 点到 A1 点加工
N011 G40 G00 X0 Y0;	取消刀具补偿
N012 G00 Z100M05;	抬刀至起始平面,主轴停转
N013 M02;	程序结束

12. 刀具长度补偿指令(G43、G44、G49)

在一个加工程序内使用几把刀具时,由于每把刀具的长度总会有所不同,因而在同一个坐标系内,在程序指令的 Z 值相同的情况下,不同刀具的端面(刀位点)在 Z 方向的实际位置有所不同,编程中需要改变 Z 指令值,使程序繁琐。刀具长度补偿功能补偿这个差值而不用修改程序。

指令格式

$\left.\begin{array}{l} G43 \\ G44 \end{array}\right\}$ Z_ H00

G49

指令功能　对刀具的长度进行补偿

指令说明　(1) G43 指令为刀具长度正补偿;

(2) G44 指令为刀具长度负补偿;

(3) G49 指令为取消刀具长度补偿;

(4) 刀具长度补偿指刀具在 Z 方向的实际位移比程序给定值增加或减少一个偏置值;

(5) 格式中的 Z 值是指程序中的指令值;

(6) H00 为刀具长度补偿代码,后面两位数字是刀具长度补偿寄存器的地址符。H01 指 01 号寄存器,在该寄存器中存放对应刀具长度的补偿值。H00 寄存器必须设置刀具长度补偿值为 0,调用时起取消刀具长度补偿的作用,其余寄存器存放刀具长度补偿值;

执行 G43 时: $Z_{实际值} = Z_{指令值} + H\_$ 中的偏置值

执行 G44 时: $Z_{实际值} = Z_{指令值} - H\_$ 中的偏置值

当由于偏置号改变使刀具偏置值改变时,偏置值变为新的刀具长度偏置值,新的刀具长度偏置值不加到旧的刀具偏置值上。例如 H01 内存刀具长度偏置值 20.0。H02 内存刀具长度偏置值 30.0。

程序:

N10 G90 G43 Z100.0H01;(Z 轴移动到 120.0)

N20 G90 G43 Z100.0 H02;(Z 轴移动到 130.0)

用不同刀具长度的差值设为长度偏移值。实际操作中可先将一把刀作为标准刀具;并以此为基础,将其他刀具的长度相对于标准刀具长度的增加或减少量作为刀具补偿值,把刀补值输入到长度偏置值存储地址(H00 或 D00 代码)。在刀具作 Z 方向运动时,数控系统将根据 G43 或 G44 指令和已记录的长度补偿值对 Z 坐标值作相应的补偿修正。

不管选择的是绝对值还是增量值,补偿后的坐标值表示补偿后的刀具终点位置。G43 和 G44 是模态 G 代码,程序指定后一直有效,直到指定同组的 G 代码为止。

指定 G49 或 H0 可以取消刀具长度偏置。对应于偏置号 H0 的刀具长度偏置值为 0,不能对 H0 设置任何其他的刀具长度偏置

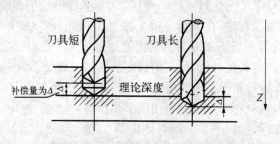

图 5-81　刀具长度补偿的意义

值。在 G49 或 H0 指定之后,系统立即取消偏置方式。由于刀具补偿指令是模态的,故要取消刀具长度补偿就必须用 G49 指令。G49 是缺省指令,即数控机床开机时,系统自动进入"刀补取消"状态。

[例 11] 用刀具长度差值设定偏移值。在一个加工程序中同时使用三把刀,它们的长度各不相同,如图 5-82 所示。现把第一把刀作为标准刀具,经对刀操作并测量,第二把刀(T02)较第一把刀短 15 mm,而第三把刀(T03)较第一把刀长 17 mm。这三把刀的长度补偿量分别为"0"、"15"、"17",并将后两个数分别存入数控装置的内存表中代号为"H02"和"H03"的位置。

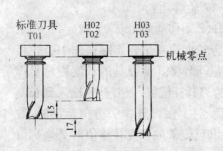 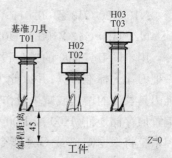

图 5-82　用刀具差值设定偏移值　　图 5-83　长度补偿后的刀具位置

在程序中加入刀具长度补偿指令:

G90 G44 Z45.0 H02;　　(T02 刀具长度补偿的程序)

执行本段程序,从 Z 指令值中减去 15 mm(H02 中的值),Z 实际值为"30",相当于 T02 刀具端面伸长至 Z=45 处。

G90 G43 Z45.0 H03;　　(T03 刀具长度补偿的程序)

执行本段程序,在 Z 指令值上加上 17 mm(H03 中的值),Z 实际值为"52",相当于 T03 刀具端面缩短至 Z=45 处。

经过刀具长度补偿,使三把长度不同的刀具处于同一个 Z 向高度(Z=45 处),如图 5-83 所示。G43、G44 是模态指令,只要不取消该指令,这三把刀具就处于相同 Z 值位置。

[例 12] 图 5-84 所示,图中 A 点为刀具起点,加工路线为 1→2→3→4→5→6→7→8→9。要求刀具在工件坐标系零点 Z 轴方

向向下偏移 3 mm,按增量坐标值方式编程(提示把偏置量 3 mm 存入地址为 H01 的寄存器中)。

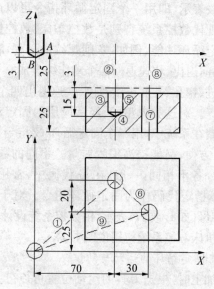

图 5-84　刀具长度补偿

解:

程序如下:

O1111

N01 G91 G00 X70 Y45 S800 M03　　①

N02　G43　Z-22　H01;　　②(启动刀具长度补偿)

N03　G01　Z-18　F100 M08;　　③

N04　G04　X5;　　④

N05　G00　Z18;　　⑤

N06　X30　Y-20;　　⑥

N07　G01　Z-33　F100;　　⑦

N08　G00　G49　Z55 M09;　　⑧(取消刀具长度补偿)

N09　X-100 Y-25;　　⑨

N10　M30;

13. 孔加工固定循环

数控加工中,为简化编程将多个程序段的指令按规定的执行顺序用一个程序段表示,即用一个固定循环指令可以产生几个固定、有序的动作。现代数控系统特别是数控车床、数控铣床、加工中心都具有多种固定循环功能,例如,车削螺纹的过程,将快速引进、切螺纹、径向或斜向退出、快速返回四个动作综合成一个程序段;镗底孔时将快速引进、镗孔、孔底进给暂停、快速退出四个固定动作综合成一个程序段等。对这类典型的、经常应用的固定动作,可以预先编好程序并存储在系统中,用一个固定循环 G 指令去调用执行,从而使编程简短、方便,又能提高编程质量。不同的数控系统所具有的固定循环指令各不相同,一般,在 G 代码中,常用 G70~G79 和 G80~G89 等不指定代码作为固定循环指令。对于"循环次数"指令,常用某一字母(如 L 或 H)表示,由数控系统设计者自行规定,使用时可以查阅机床数控系统使用说明书。

(1) 孔加工固定循环的运动与动作

对工件孔加工时,根据刀具的运动位置可以分为四个平面(如图 5-85 所示):初始平面、R 平面、工件平面和孔底平面。在孔加工过程中,刀具的运动由 6 个动作组成:

动作 1——快速定位至初始点 X,Y 表示了初始点在初始平面中的位置;

动作 2——快速定位至 R 点 刀具自初始点快速进给到 R 点;

动作 3——孔加工 以切削进给的方式执行孔加工的动作;

动作 4——在孔底的相应动作 包括暂停、主轴准停、刀具移位等动作;

动作 5——返回到 R 点 继续孔加工时刀具返回到 R 点平面;

动作 6——快速返回到初始点 孔加工完成后返回初始点平面。

为了保证孔加工的加工质量,有的孔加工固定循环指令需要主轴准停、刀具移位。图 5-86 表示了在孔加工固定循环中刀具的运动与动作,图中的虚线表示快速进给,实线表示切削进给。

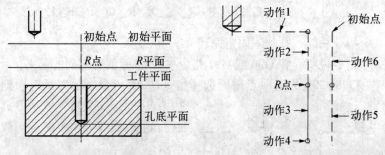

图 5 - 85 孔加工循环的平面   图 5 - 86 固定循环的动作

1)初始平面 若使用同一把刀具加工若干个孔,当孔间存在障碍需要跳跃或全部孔加工完成时,用 G98 指令使刀具返回到初始平面,否则,在中间加工过程中可用 G99 指令使刀具返回到 R 点平面,这样缩短加工辅助时间。

2)R 点平面 R 平面是刀具进给由快速转变为切削的转换平面,从 R 点位置始,刀具以切削进给速度下刀。R 点距工作表面距离叫切入距离。切入距离的选取,应能保证加工的质量。在已加工表面上钻孔、镗孔、铰孔,切入距离为 1~3(或 2~5)mm;在毛坯面上钻孔、镗孔、铰孔,切入距离为 5~8 mm;攻螺纹时,切入距离为 5~10 mm;铣削时,切入距离为 5~10 mm。

3)孔底平面 Z 表示孔底平面的位置,加工通孔时刀具伸出工件孔底平面一段距离,保证通孔全部加工到位,钻削盲孔时应考虑钻头钻尖对孔深的影响。

4)选择加工平面及孔加工轴线

选择加工平面有 G17、G18 和 G19 三条指令,对应 XY、XZ 和 YZ 三个加工平面,以及对应孔加工轴线分别为 Z 轴、Y 轴和 X 轴。立式数控铣床孔加工时,只能在 XY 平面内使用 Z 轴作为孔加工轴线,与平面选择指令无关。下面主要讨论立式数控铣床孔加工固定循环指令。

5)孔加工固定循环指令格式

指令格式

$$\begin{Bmatrix} G90 \\ G91 \end{Bmatrix} \begin{Bmatrix} G99 \\ G98 \end{Bmatrix} G73\sim G89\ X\_\ Y\_\ Z\_\ R\_\ Q\_\ P\_\ F\_\ L\_$$

指令功能　孔加工固定循环

指令说明　在 G90 或 G91 指令中，Z 坐标值有不同的定义。

G98、G99 为返回点平面选择指令，G98 指令表示刀具返回到初始点平面，G99 指令表示刀具返回到 R 点平面，如图 5‑87 所示；

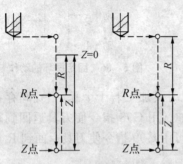

图 5‑87　G90 与 G91 的坐标计算

孔加工方式 G73～G89 指令，孔加工方式对应指令见表 5‑5；

X__ Y__ 指定加工孔的位置（与 G90 或 G91 指令的选择有关）；

表 5‑5　固定循环功能表

G 代码	孔加工动作（−Z 方向）	孔 底 动 作	返回方式（+Z 方向）	用　　途
G73	间歇进给		快速进给	高速深孔往复排屑钻
G74	切削进给	暂停→主轴正转	切削进给	攻左旋螺纹
G76	切削进给	主轴定向停止→刀具移位	快速进给	精镗孔
G80				取消固定循环
G81	切削进给		快速进给	钻孔
G82	切削进给	暂停	快速进给	锪孔、镗阶梯孔
G83	间歇进给		快速进给	深孔往复排屑钻
G84	切削进给	暂停→主轴反转	切削进给	攻右旋螺纹
G85	切削进给		切削进给	精镗孔
G86	切削进给	主轴停止	快速进给	镗孔
G87	切削进给	主轴停止	快速进给	背镗孔

G 代码	孔加工动作（−Z 方向）	孔 底 动 作	返回方式（+Z 方向）	用　途
G88	切削进给	暂停→主轴停止	手动操作	镗孔
G89	切削进给	暂停	切削进给	精镗阶梯孔

G80 为取消孔加工固定循环指令，如果中间出现了任何 01 组的 G 代码，则孔加工固定循环自动取消。因此用 01 组的 G 代码取消加工固定循环，其效果与用 G80 指令是完全相同的。

Z__指定孔底平面的位置（与 G90 或 G91 指令的选择有关）；

R__指定 R 点平面的位置（与 G90 或 G91 指令的选择有关）；

Q__在 G73 或 G83 指令中定义每次进刀加工深度，在 G76 或 G87 指令中定义位移量，Q 值为增量值，与 G90 或 G91 指令的选择无关；

P__指定刀具在孔底的暂停时间，用整数表示，单位为 ms；

F__指定孔加工切削进给速度。该指令为模态指令，即使取消了固定循环，在其后的加工程序中仍然有效；

L__指定孔加工的重复加工次数，执行一次 L1 可以省略。如果程序中选 G90 指令，刀具在原来孔的位置上重复加工，如果选择 G91 指令，则用一个程序段对分布在一条直线上的若干个等距孔进行加工。L 指令仅在被指定的程段中有效。

如图 5-87 左图所示，选用绝对坐标方式 G90 指令，Z 表示孔底平面相对坐标原点的距离，R 表示 R 点平面相对坐标原点的距离；如图 5-87 右图所示，选用相对坐标方式 G91 指令，R 表示初始点平面至 R 点平面的距离，Z 表示 R 点平面至孔底平面的距离。

孔加工方式指令以及指令中 Z、R、Q、P 等指令都是模态指令，因此只要指定了这些指令，在后续的加工中不必重新设定。如果仅仅是某一加工数据发生变化，仅修改需要变化的数据即可。

孔加工固定循环指令的应用：

N01 G91 G00 X__ Y__ M03　主轴正转，按增量坐标方式快速点定位至指定位置；

N02 G81 X__ Y__Z__F__　G81 为钻孔固定循环指令，指定

	固定循环原始数据;
N03 Y__	钻削方式与 N02 相同,按 Y__移动后执行 N02 的钻孔动作;
N04 G82 X__ P__ L__	移动 X__后执行 G82 钻孔固定循环指令,重复执行 L__次;
N05 G80 X__ Y__ M05	取消孔加工固定循环,除 F 代码之外全部钻削数据被清除;
N06 G85 X__Z__R__P__	G85 为精镗孔固定循环指令,重新指定固定循环原始数据;
N07 X__Z__	移动 X__后按 Z__坐标执行 G85 指令,前段 R__仍然有效。
N08 G89 X__ Y__	移动 X__ Y__后执行 G89 指令,前段的 Z__及 N06 段的 R__P__仍有效。
N09 G01 X__ Y__	除 F__外,孔加工方式及孔加工数据全部被清除。

(2) 各种孔加工方式说明

1) 高速深孔往复排屑钻指令(G73)

孔加工动作如图 5-88a 所示。G73 指令用于深孔钻削,Z 轴方向的间断进给有利于深孔加工过程中断屑与排屑。指令 Q 为每一次进给的加工深度(增量值且为正值),图示中退刀距离"d"由数控系统内部设定。刀具钻到孔底返回。该钻孔方法抬刀距离短,比G83 钻孔速度快。

2) 深孔往复排屑钻指令(G83)

孔加工动作如图 5-88b 所示。与 G73 指令略有不同的是每次刀具间歇进给后回退至 R 点平面,这种退刀方式排屑畅通,此处的"d"表示刀具间断进给每次下降时由快进转为工进的那一点至前一次切削进给下降的点之间的距离,"d"值由数控系统内部设定。由此可见这种钻削方式适宜加工深孔。

3) 攻左旋螺纹 G74 指令与攻右旋螺纹 G84 指令

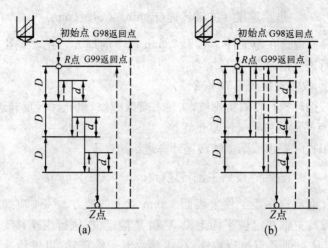

图 5 - 88　G73 循环与 G83 循环

(a) G73 循环；(b) G83 循环

① 攻左旋螺纹 G74 指令

该循环执行左旋攻螺纹，如图 5 - 89a 所示，使用 G74 指令，主轴左旋攻螺纹，至孔底后主轴顺时针旋转返回，到 R 点平面后主轴又恢复反转。在使用左螺纹攻丝循环时，循环开始前必须给 M04 指令使主轴反转。根据主轴转速计算进给速度 F。

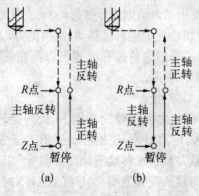

图 5 - 89　螺纹加工

(a) G74 左旋螺纹加工；(b) G84 右旋螺纹加工

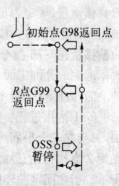

图 5 - 90　精镗孔

$$进给速度＝主轴转速(r/min)×螺距(mm)$$

R 面应选在距工件上表面 7 mm 以上的地方。在攻螺纹期间不执行进给倍率功能。

② 攻右旋螺纹 G84 指令

该循环执行攻右旋螺纹,主轴右旋攻螺纹,至孔底后反转返回,到 R 点平面后主轴又恢复正转。

编程时要求根据主轴转速计算进给速度 F:

$$进给速度＝主轴转速(r/min)×螺距(mm)$$

R 面应选在距工件上表面 7 mm 以上的地方。G84 攻螺纹过程:刀具主轴在定位平面上沿 X 和 Y 轴定位;执行快速移动到 R 点;从 R 点到 Z 点执行攻螺纹,攻螺纹时丝锥正转,以进给速度攻螺纹到孔底;在孔底主轴停止,如果在程序段中暂停指令 P_有效,则在刀具到达孔底后先执行暂停动作,然后丝锥以相反方向旋转,刀具退回到 R 点,主轴停止;然后执行快速移动到初始位 E。在攻螺纹期间不执行进给倍率功能。G84 循环加工过程如图 5-89 所示。

4) 精镗孔 G76 指令

孔加工动作如图 5-90 所示。图中 OSS 表示主轴准停,Q 表示刀具移动量(规定为正值,若使用了负值则负号被忽略)。在孔底主轴定向停止后,刀头按地址 Q 所指定的偏移量移动,然后提刀,刀头的偏移量在 G76 指令中设定。采用这种镗孔方式可以高精度、高效率地完成孔加工而不损伤工件表面。

5) 钻孔 G81 指令与锪孔 G82 指令

G81 钻孔过程:在指定 G81 之前用辅助功能 M 代码旋转主轴,刀具在安全平面内沿着 X、Y 轴定位,快速移动到 R 点。从 R 点到 Z 点执行钻孔加工。然后刀具快速移动退回。如图 5-91(a) 所示。当在固定循环中指定刀具长度偏置 G43、G44 或 G49 时,在定位到 R 点的同时加偏置。

G82 钻孔动作如图 5-91(b)所示,G82 与 G81 指令相比较唯一

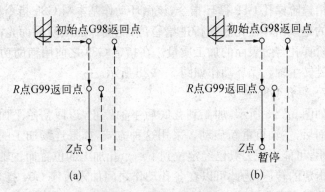

图 5-91   钻孔与锪孔

(a) G81 指令；(b) G82 指令

不同之处是 G82 指令在孔底增加了暂停，因而适用于锪孔或镗阶梯孔，由于在孔底有进给暂停，孔底平整、光滑，提高了孔台阶表面的加工质量，适用于盲孔、锪孔加工，而 G81 指令只用于一般要求的钻孔。

6）精镗孔 G85 指令与精镗阶梯孔 G89 指令

精镗孔 G85 循环指令，该循环用于镗孔。如图 5-92a 所示。镗刀沿着 X 和 Y 轴定位以后快速移动到 R 点，然后从 R 点到 Z 点执行镗孔，当到达孔底时用切削进给速度返回到 R 点。在指定 G85 之前用辅助功能 M 代码旋转主轴。

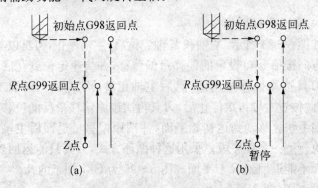

图 5-92   精镗孔与精镗阶梯孔

(a) G85；(b) G89

精镗阶梯孔 G89 循环指令,该循环动作基本与 G85 指令相同,不同的是该循环在孔底执行进给暂停,能确保加工阶梯面光滑,提高了阶梯孔台阶表面的加工质量。在指定 G89 之前用辅助功能 M 代码旋转主轴。循环动作如图 5-92b 所示。

7) 镗孔 G86 指令

如图 5-93 所示,加工到孔底后主轴停止,返回初始平面或 R 点平面后,主轴再重新启动。采用这种方式,如果连续加工的孔间距较小,可能出现刀具已经定位到下一个孔加工的位置而主轴尚未到达指定的转速,为此可以在各孔动作之间加入暂停 G04 指令,使主轴获得指定的转速。

图 5-93 镗孔 G86 指令　　　　　图 5-94 背镗孔

8) 背镗孔 G87 指令

如图 5-94 所示,X 轴和 Y 轴定位后,主轴停止,刀具以与刀尖相反方向按指令 Q 设定的偏移量偏位移,并快速定位到孔底,在该位置刀具按原偏移量返回,然后主轴正转,沿 Z 轴正向加工到 Z 点,在此位置主轴再次停止后,刀具再次按原偏移量反向位移,然后主轴向上快速移动到达初始平面,并按原偏移量返回后主轴正转,继续执行下一个程序段。采用这种循环方式,刀具只能返回到初始平面而不能返回到 R 点平面。图 5-95 为 G87 加工的孔。

9) 镗孔 G88 指令

如图 5-96 所示,刀具到达孔底后暂停,暂停结束后主轴停止且系统进入进给保持状态,在此情况下可以执行手动操作,但为了安全起见应先把刀具从孔中退出,再启动加工按循环启动按钮,刀具快速返回到 R 点平面或初始点平面,然后主轴正转。

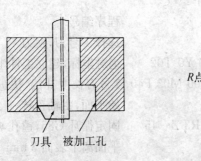

图 5-95　G87 加工的孔

图 5-96　镗孔 G88 指令

（3）重复固定循环简单应用

[例 13]　试采用固定循环方式加工图 5-97 所示各孔,工件材料为 HT300。使用 T01 为镗孔刀。T02 为直径 3 mm 钻头,T03

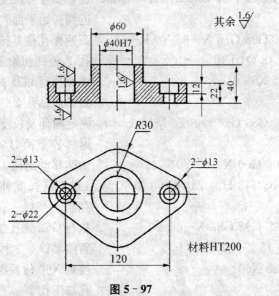

图 5-97

为锪钻。工件坐标系设置;Z0 在工件表面。X_0、Y_0 零件的对称中心位置。

解:

加工孔的程序编制如下:

O0057	程序编号
N10 T01 M06	选择 1 号刀,换刀
N20 G90 G00 G54 X0 Y0 T02	绝对坐标,建立工件坐标系
N30 G43 H01 Z10 S400 M03 F40	1 号刀长度补偿,快进到初始平面,主轴正转
N40 G98 G85 X0 Y0 R3 Z—45	固定循环 G85,镗孔 $\phi38$,R 平面离上表面 3 mm
N50 G80 G28 G49 Z0 M06	定循环及长度补偿取消,返回 Z_0 点,换 2 号刀。
N60 G00 X—60 Y50 T03	快速移动至 X—60 Y50 点,选 3 号刀
N70 G43 H02 G00 Z10 S600 M03	建立 2 号刀长度补偿,快速进到初始平面
N80 G98 G73 X—60 Y0 R—15 Z—48 Q4 F40	高速深孔往复排屑 G73 钻孔 1,返回初始平面
N85 X60	继续执行 G73 高速钻孔往复排屑钻孔 2
N90 G80 G28 G49 Z0 M06	固定循环及长度补偿取消,返回 Z_0 点换刀
N100 G00 X—60 Y0	快速移动到孔 1 位置
N110 G43 H04 Z10 S350 M03	4 号刀具长度补偿 H04 寄存器
N120 G98 G82 X—60 Y0 R—15 Z—32 P200 F25	执行 G82 锪孔加工,孔底有暂停动作 0.2 秒
N125 X60	换到 X60 位置继续 G82 锪孔加工孔 2

N130 G80 G28 G49 Z0 M05　　　　固定循环取消,返回 Z_0 点
N140 G91 G28 X0 Y0 M30　　　　返回参考点,程序结束

三、编程实例

　　[**例 14**]　加工如图 5-98 所示零件,工件材料为 45 钢,毛坯尺寸为 175 mm×130 mm×6.35 mm。工件坐标系原点(X_0、Y_0)定在距毛坯左边和底边均为 65 mm 处,其 Z_0 定在毛坯上,采用 $\phi10$ mm 柄铣刀,主轴转速 $n=1\,250$ r/min,进给速度 $F=150$ mm/min。轮廓加工轨迹如图 5-99 所示,编写零件的加工程序。

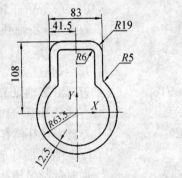

图 5-98

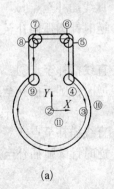

(a)

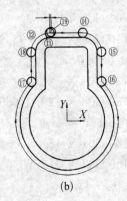

(b)

图 5-99

(a) 内轮廓;(b) 外轮廓

解:

程序编制如下:

O1111	程序名
N0010 G90 G21 G40 G80	采用绝对尺寸指令,米制,注销刀具半径补偿和固定循环功能
N0020 G91G28 X0.0 Y0.0 Z0.0	刀具移动至参考点
N0030 G92 X−200.0 Y200.0 Z0.0	设定工件坐标系原点坐标
N0040 G00 G90 X0.0 Y0.0 Z0.0	刀具快速移至点②,主轴以1 250 r/min 正转
N0050 G43 Z50.0 H01	刀具沿 Z 轴快速定位至50 mm 处
N0060 M08	开冷却液
N0070 G01 Z−10.0 F150	刀具沿 Z 轴以 150 mm/min 直线插补至−10 处
N0080 G41 D01 X51.0	刀具半径补偿有效,补偿号D01,直线插补至点③
N0090 G03 X29.0 Y42.0 I−51.0 J0.0	逆时针圆弧插补至点④
N0100 G01 Y89.5	直线插补至点⑤
N0110 G03 X23.0 Y95.5 I−6.0 J0.0	逆时针圆弧插补至点⑥
N0120 G01 X−23.0	直线插补至点⑦
N0130 G03 X−29.0 Y89.5 0.0 J−6.0	逆时针圆弧插补至点⑧
N0140 G01 Y 42.0	直线插补至点⑨
N0150 G03 X51.0 Y0.0 I29.0 J−42.0	逆时针圆弧插补至点⑩
N0160 G01 X0.0	直线插补至点⑪
N0170 G00 Z5.0	沿 Z 轴快速定位至 5 mm 处

N0180 X−41.5 Y108.0	直线插补至点⑫
N0190 G01 Z−10.0	沿 Z 轴直线插补至−10 mm 处
N0200 X22.5	直线插补至点⑭
N0210 G02 X41.5 Y89.0	顺时针圆弧插补至点⑮
I0.0 J−19.0	
N0220 G01 Y48.0	直线插补至点⑯
N0230 G02 X−41.5 Y48.0	顺时针圆弧插补点⑰
I−41.5 J−48.0	
N0240 G01 Y89.0	直线插补至点⑱
N0250 G02 X−22.5 Y108.0	顺时针圆弧插补至点⑬
I19.0 J0.0	
N0260 X−20.0 Y110.5	直线插补至点⑲
N0270 G00 G90 Z20.0 M05	刀具沿 Z 轴快速定位至 20 mm 处,主轴停转
N0280 M09	关冷却液
N0290 G91 G28 X0.0 Y0.0 Z0.0	返回参考点
N0300 M06	换刀
N0310 M30	程序结束

[**例 15**] 加工如图 5 - 100 所示零件。毛坯为 80 mm × 80 mm×30 mm 的铝合金。要求采用粗、精加工各表面。

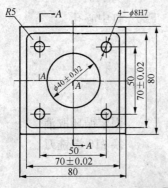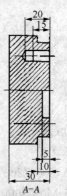

图 5 - 100 零件

解：

加工工序为：打中心孔→外轮廓粗加工→内圆槽粗加工→外方框精加工→内圆槽精加工→钻孔→铰孔。

（1）加工工序及编程数据确定

加工内容	刀号	刀具名称	主轴转速 $n/(r/min)$	进给速度 $f/(mm/min)$	刀具长度补偿	刀具半径补偿（半径值）
打中心孔	T01	φ3 中心钻	849	85	H01	D02＝8.2
外轮廓粗加工	T02	φ16 立铣刀	600	120	H02	D07＝13
内圆槽粗加工	T02	φ16 立铣刀	955	120	H02	D03＝5
外方框精加工	T03	φ10 立铣刀	955	76	H03	D03＝5
内圆槽精加工	T03	φ10 立铣刀	955	76	H03	
钻孔	T04	φ7.8 钻头	612	61	H04	
铰孔	T05	φ8H7 铰孔刀	199	24	H05	

（2）加工程序编制

O1212　　　　　　　　　　　　主程序名

N5 T01　　　　　　　　　　　φ3 中心钻

N10 G90 G54 G00 X0 Y0　　　确定坐标系，主轴正转
S849 M03

N12 G43 Z50 H01　　　　　　建立刀具长度正补偿，偏置号
　　　　　　　　　　　　　　为 H01

N15 G81 X0 Y0 R5 Z－3 F85　打中心孔

N20 X25 Y25

N25 X－25

N30 Y－25

N35 X25

N40 G80　　　　　　　　　　固定循环取消

N45 T02　　　　　　　　　　换 φ16 端铣刀

N50 G00 Z200 G49

N55 M03 S600

N60 G43 H02 Z50   建立刀具长度正补偿,偏置号为 H02

N65 G00 Y−65 M08

N70 Z2

N75 G01　Z−9.8　F40   外方框加工

N80 D02 M98 P10 F120   刀具半径补偿

N82 G00 Z10

N85 X0 Y0

N90 Z2

N95 G01 Z−4.8

N100 D07 M98 P30 F120   内圆槽粗加工,建立刀具半径补偿

N102 G00 Z150 M09 G49

N104 T03   换 ϕ10 端铣刀

N105 M03 S955   主轴正转

N110 G43 Z100 H03   建立刀具长度正补偿,偏置号为 H03

N115 G00 Y−65 M08   开冷却液

N120 Z2

N125 G01 Z−10 F64 M08

N128 D03 M98 P10 F76   外方框精加工,建立刀具半径补偿

N129 G00 Z50

N130 X0 Y0

N135 Z2

N140 G01 Z−5 F64

N145 D03 M98 P30 F76   内圆槽精加工,建立刀具半径补偿

N147 G00 Z150 M09 G49

N148 T04   换 ϕ7.8 钻头

N149 G43 Z50 H04   建立刀具长度正补偿,偏置号
为 H04

N150 M03 S612

N155 M08

N160 G83 X25 Y25 R5   钻孔
Z—22 Q3 F61

N163 X—25

N165 Y—25

N170 X25

N175 G80 M09

N180 T05   φ8H7 铰孔刀

N185 M03 S199

N190 G43 Z100 H05

N195 M08

N200 G81 X25 Y25 R5   铰孔
Z—15 F24

N205 X—25

N210 Y—25

N215 X25

N220 G80 M09   取消固定循环

N225 G00 Z100

N230 M05   主轴停转

N235 M02   主程序结束

O10   外方框子程序

N10 G41 G01 X30   建立刀具半径左补偿

N20 G03 X0 Y—35 R30

N25 G01 X—30

N30 G02 X—35 Y—30 R5

N35 G01 Y30

N40 G02 X−30 Y35 R5

N45 G01 X30

N50 G02 X35 Y30 R5

N60 Y−30

N70 G02 X30 Y−35 R5

N80 G01 X0

N90 G03 X −30 Y−65 R30

N100 G40 G01 X0　　　　取消半径补偿

N110 M99　　　　　　　子程序结束

O30　　　　　　　　　　内圆槽子程序

N01 G41G01 X−5 Y15 F100　建立刀具半径左补偿

N02 G03X−20 Y0 R15

N03 G03 X−20 Y0 I20 J0

N04 G03 X−5 Y−15 R15

N05 G40 G01 X0 Y0　　　　取消半径补偿

N06 M99　　　　　　　　子程序结束

·[··· 思 考 与 练 习 ···]·

1. 机床坐标系及坐标系方向是如何确定的?

2. 简述什么是工件原点和工件坐标系。

3. 数控程序由哪些部分组成? 简述程序段的构成和格式。

4. 数控编程有哪些辅助功能,各有何意义?

5. 车刀的刀尖圆弧半径补偿有何意义?

6. 数控车床常用对刀方式有几种? 分别是什么?

7. 数控铣削适合用于哪些场合?

8. 数控铣床加工中固定循环指令有何特点?

9. 在图中,采用顺时针圆弧插补,根据走到路线,补充程序段内容。

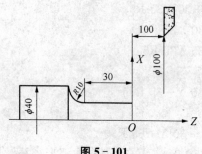

图 5-101

1) 采用绝对值编程:

……

N05 G00(　　　　　　　　　　　　);

N10 G01(　　　　　　　　　　　　);

N15 G02(　　　　　　　　　　　　);

……

2) 采用增量值编程:

……

N05 G00(　　　　　　　　　　　　);

N10 G01(　　　　　　　　　　　　);

N15 G02(　　　　　　　　　　　　);

……

10. 加工零件图如图 5-102 所示,已知毛坯为 φ33 mm,L= 110 mm 的棒料,1 号刀为外圆刀,2 号刀为切断刀,试编写加工程

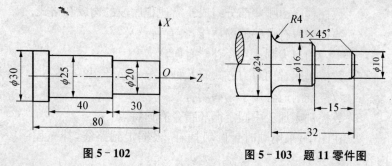

图 5-102　　　　　**图 5-103 题 11 零件图**

序。加工程序包括精车端面、外圆及切断。

11. 加工零件如图 5 - 103 所示。毛坯外径 24 mm。卡盘爪外长度 40 mm,试编写加工程序。加工程序包括粗精车端面、外圆等,精加工余量为 0.5 mm。

12. 加工如图 5 - 104 所示零件,要求精加工所有外形,不留加工余量。

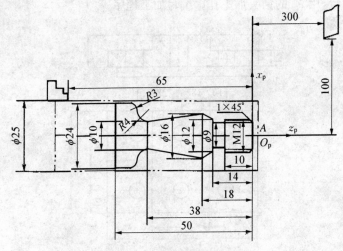

图 5 - 104   加工零件图

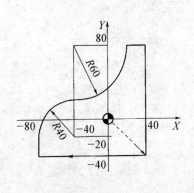

图 5 - 105

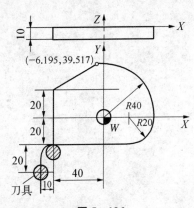

图 5 - 106

13. 按图 5 - 105 图标所示路线编写走刀程序,刀具在工件坐标系原点开始,虚线表示快速走刀,粗实线表示按进给速度走到。要求分别采用绝对值编程和增量值编程。

14. 采用 ϕ10 mm 立铣刀,编写走刀一次,精铣如图 5 - 106 所示零件外形轮廓的程序,要求采用刀具补偿指令。

15. 如下图所示,用 ϕ20 的刀具加工周边轮廓,用 ϕ16 的刀具加工凹台,用 ϕ8 的钻头加工孔。编写加工程序。

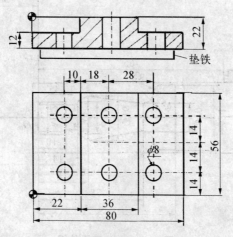

图 5 - 107

第**6**章 数控机床加工综合实训操作实例

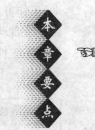

本章主要介绍了数控车床以及数控铣床的操作面板、各功能键作用。通过仿真实例详细分析了零件加工过程。

第一节 数控车床加工综合实训操作实例

一、数控车床操作面板简介

下面以华中 HCNC - 21T 系统为例。

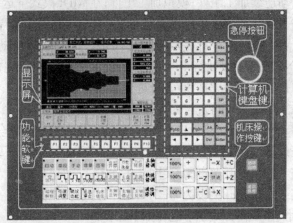

图 6 - 1 HCNC - 21T 车床系统操作面板实物图

☞   HCNC - 21T 车床系统操作面板大致可分为：**机床操作按键站 (PC 按键站)、MDI 键盘按键站(NC 按键站)、功能软键站、显示屏。**

1. 机床操作按键

（1）工作方式选择按键

数控系统通过工作方式键，如图 6 - 2 所示，对操作机床的动作进行分类。在选定的工作方式下，只能做相应的操作。例如在"手动"工作方式下，只能做手动移动机床轴，手动换刀等工作，不可能做连续自动的工件加工。同样，在"自动"工作方式下，只能连续自动加工工件或模拟加工工件，不可能做手动移动机床轴，手动换刀等工作。下面将各工作方式的工作范围介绍如下：

图 6 - 2　机床操作按键

自动　该工作方式下可进行如下操作：
　　自动连续加工工件；模拟加工工件；在 MDI 模式下运行指令。

单段　当方式开关置于单段方式时，CNC 系统控制加工程序逐段执行：一段程序运行完成后加工停止，再按"循环启动"按钮，CNC 系统控制执行下一程序段；每一段程序执行完成后，必须按"循环启动"按钮，方可进行下一程序段。

手动　该工作方式下可进行如下操作：
　　手动换刀、手动移动机床各轴，手动松紧卡爪，伸缩尾座、主轴正反转。

增量　当手持单元开关设为"关"时，工作方式为"增量"；
　　当手持单元开关设为"开"时，工作方式为"手摇"；
　　"增量"工作方式下可进行如下操作：
　　定量移动机床坐标轴，移动距离由倍率调整。

"手摇"工作方式下可进行如下操作：

可通过手轮连续精确控制机床的移动，机床进给速度受操作者手摇速度和倍率控制。

回零 该工作方式下可进行如下操作：

手动返回参考点，建立机床坐标系（机床开机后应首先进行回参考点操作）。

（2）机床操作按键（如图 6-2 所示）

循环启动 "自动"、"单段"工作方式下有效。按下该键后，机床可进行自动加工或模拟加工。注意自动加工前应对刀正确。

进给保持 自动加工过程中，按下该键后，机床上刀具相对工件的进给运动停止，但机床的主运动并不停止。再按下"循环启动"键后，继续运行下面的进给运动。

机床锁住 手动、手摇工作方式下，按下该键后，机床的所有实际动作无效（不能手动、自动控制进给轴、主轴、冷却等实际动作），但指令运算有效，故可在此状态下模拟运行程序。

注意：在自动、单段运行程序或回零过程中，锁住或解除锁住都是无效的。

超程解除 当机床超出安全行程时，行程开关撞到机床上的挡块，切断机床伺服强电，机床不能动作，起到保护作用。如要重新工作，需一直按下该键，接通伺服电源，同时再在"手动"方式下，反向手动移动机床，使行程开关离开挡块。

跳段功能 如程序中使用了跳段符号"/"，当按下该键后，程序运行到有该符号标定的程序段，即跳过不执行该段程序；解除该键，则跳段功能无效。

刀位选择 手动工作方式下，选择工作位上的刀具，此时并不立即换刀。

刀位转换 按下该键，"刀位转换"所选刀具，换到工作位上。"手动"、"增量"、"手摇"工作方式下该键有效。

主轴反转 手动、手摇工作方式下，按下该键后，主轴反转。但正在正转的过程中，该键无效。

主轴正转 手动、手摇工作方式下,按下该键后,主轴正转。但正在反转的过程中,该键无效。

主轴停止 按下该键后,主轴停止旋转。机床正在做进给运动时,该键无效。

冷却开停 手动工作方式下,按下该键冷却泵开、解除则关。

任选停止 如程序中使用了 M01 辅助指令,当按下该键后,程序运行到该指令即停止,再按"循环启动"键,继续运行;解除该键,则M01 功能无效。

空运行 如选择了此功能。在"自动"工作方式下,按下该键后,机床以系统最大快移速度运行程序。使用时注意坐标系间的相互关系,避免发生碰撞。

卡盘松紧 按下该键卡盘夹紧、解除则松开。主轴正在旋转的过程中该键无效。

主轴正点动 **主轴负点动** "手动"、"增量"、"手摇"工作方式下该键有效,

— **100%** **+** 通过该三个速度修调按键,对主轴转速、G00 快移速度、工作进给或手动进给速度进行修调。

×1 **×10** **×100** **×1000** 倍率选择键:"增量"和"手摇"工作方式下有效。通过该类键选择定量移动的距离量。

+X **−X** **+Z** **−Z** **+C** **−C** **快进** "增量"、"手动"和"回零"工作方式下有效。

"增量"时:确定机床定量移动的轴和方向;

"手动"时:确定机床移动的轴和方向。通过该类按键,可手动控制刀具或工作台移动。移动速度由系统最大加工速度和进给速度修调按键确定。当同时按下方向轴和"快进"按键时,以系统设定最大加工速度移动。

"回零"时:确定回参考点的轴和方向。

(3)计算机键盘按键

如图 6-3 所示。该按键功能同计算机键盘按键功能一样。包括字母键、数字键、编辑键等。下面介绍部分按键的功能如下:

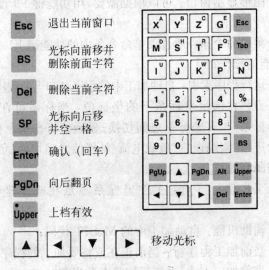

Esc	退出当前窗口
BS	光标向前移并删除前面字符
Del	删除当前字符
SP	光标向后移并空一格
Enter	确认（回车）
PgDn	向后翻页
Upper	上档有效
▲ ◄ ▼ ►	移动光标

图6-3 计算机键盘按键

2. 显示屏

如图6-4所示显示屏上，系统界面各区域内容如下：

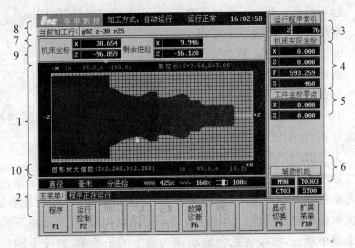

图6-4 显示屏

1——图形显示窗口：可以根据需要，用功能键 F9 设置窗口的显示模式；

2——菜单命令条：通过菜单命令条中的功能键 F1～F10 来完成系统功能的操作；

3——运行程序索引：自动加工中的程序名和当前程序段行号；

4——刀具在选定坐标系下的坐标值：坐标系可在机床坐标系/工件坐标系/相对坐标系之间切换；显示值可在指令位置/实际位置/剩余进给/跟踪误差/负载电流/补偿值之间切换（负载电流只对 11 型伺服有效）；

5——工件坐标零点：工件坐标系零点在机床坐标系下的坐标；

6——辅助机能：自动加工中的 M、S、T 代码；

7——当前加工程序行：当前正在或将要加工的程序段；

8——当前加工方式、系统运行状态及当前时间；

工作方式：系统工作方式根据机床控制面板上相应按键的状态可在自动（运行）、单段（运行）、手动（运行）、增量（运行）、回零、急停、复位等之间切换；

运行状态：系统工作状态在"运行正常"和"出错"间切换；

系统时钟：当前系统时间。

9——机床坐标、剩余进给

机床坐标：刀具当前位置在机床坐标系下的坐标；

剩余进给：当前程序段的终点与实际位置之差；

10——直径/半径编程、公制/英制编程、每分进给/每转进给、快速修调、进给修调、主轴修调。

3. 功能软键

如图 6-5 所示。系统界面中最重要的一块是菜单命令条。操作者通过操作命令条 F1～F10 菜单所对应的 F1～F10 功能软键，完成系统的主要功能。由于菜单采用层次结构，即在主菜单下选择一个菜单项后，数控装置会显示该功能下的子菜单，故按下同一个功能软键，在不同菜单层时，其功能不同。用户应根据操作需要及菜单显示功能,操作对应的功能软键。该系统基本功能菜单结构见图6-6~图6-12所示。

图6-5 操作命令功能软键

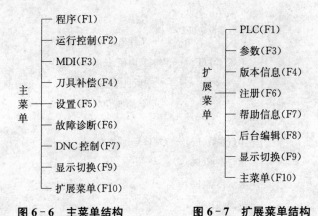

主菜单
├ 程序(F1)
├ 运行控制(F2)
├ MDI(F3)
├ 刀具补偿(F4)
├ 设置(F5)
├ 故障诊断(F6)
├ DNC控制(F7)
├ 显示切换(F9)
└ 扩展菜单(F10)

图6-6 主菜单结构

扩展菜单
├ PLC(F1)
├ 参数(F3)
├ 版本信息(F4)
├ 注册(F6)
├ 帮助信息(F7)
├ 后台编辑(F8)
├ 显示切换(F9)
└ 主菜单(F10)

图6-7 扩展菜单结构

程序F1
├ 选择程序(F1)
├ 编辑程序(F2)
├ [新建程序]
├ 保存程序(F4)
├ 程序校验(F5)
├ 运行停止(F6)
├ 重新运行(F7)
├ 显示切换(F9)
└ 主菜单(F10)

图6-8 程序F1结构

运行控制F2
├ 指定行运行(F1) ─ 从黑色行运行 / 从指定行运行 / 从当前行运行
├ 保存断点(F5)
├ 恢复断点(F6)
├ 显示切换(F9)
└ 返回(F10)

图6-9 运行控制F2结构

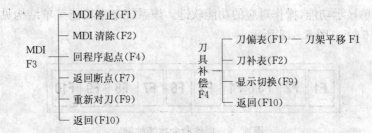

图 6 - 10　MDI F3 结构　　　　图 6 - 11　刀具补偿 F4 结构

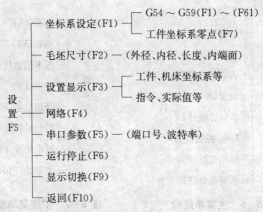

图 6 - 12　设置 F5 结构

二、工程实例

完成如图 6 - 13 所示零件（HZSC01）的数控程序的编制。

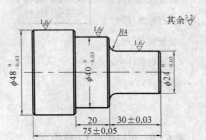

图 6 - 13　HZSC01 零件图

技术要求：

1）不准用砂布及锉刀等修饰表面。

2）未注倒角 $1 \times 45°$，未注公差尺寸按 GB1804 - M。

3）材料及备料尺寸：45钢（$\phi 50 \times 80$ mm）。

1. 目的和要求

1）通过零件的加工实践，熟练掌握数控车床的操作方法。

2）能根据零件的形状选择合适的刀具，并能正确的安装和对刀。

3）正确使用量具测量工件，掌握读数的方法。

2. 所用设备、刀具、量具

（1）设备

数控系统：华中世纪星 HNC‑21T（应用软件版本号为6.3A）。

机床型号：CK6136i。

（2）刀具

1）外圆端面车刀：刀柄：SCLCR2020K09　　刀片：CC..09T308。

2）外圆车刀（刀尖角 35°）：刀柄：SVJCR2020K11 刀片：VC..110304。

（3）量具

1）游标卡尺（0～125 mm）。

2）外径千分尺（0～25 mm）、（25～50 mm）。

3）半径规（1～7 mm）。

3. 毛坯材料

工件毛坯材料：45（$\phi50\times80$）圆钢。

4. 加工工步及加工工序单

（1）加工工步

1）车端面。毛坯伸出三爪卡盘卡爪面约 60 mm，校正、夹紧，用外圆端面车刀加工端面。

2）粗车外圆。粗车 $\phi40$ 和 $\phi24$ 外圆及 $R4$ 的倒圆角，各处留 0.5 mm的精加工余量。精车外圆。精车 $\phi40$ 和 $\phi24$ 外圆及 $R4$ 的倒圆角至零件图要求的尺寸。

3）工件换边安装。用软爪或护套夹 $\phi40$ 的外圆（见图 6‑14 中工步序号 4 简图），校正、夹紧。

4）车另一端面。保证零件总长尺寸 75±0.05。

5）车外圆。车 $\phi48$ 的外圆和倒角。

(2) 加工工序单

加工工序单如图 6-14 所示。

工序序号	1	工　步　简　图
工步名		
车端面		
刀具名称及规格型号		
外圆端面车刀 刀柄：SCLCR2020K09 刀片：CC..09T308		
刀具刀号		
T0101		
切削参数		
t	**0.5 mm**	
f	**0.15 mm/r**	
s	**800 r/min**	
程序段号	**%0011**	
工步序号	2	工　步　简　图
工步名		
粗车外圆		
刀具名称及规格型号		
外圆端面车刀 刀柄：SCLCR2020K09 刀片：CC..09T308		
刀具刀号		
T0101		
切削参数		
t	**0.5 mm**	
f	**0.15 mm/r**	
s	**800 r/min**	
程序段号	**%0012**	

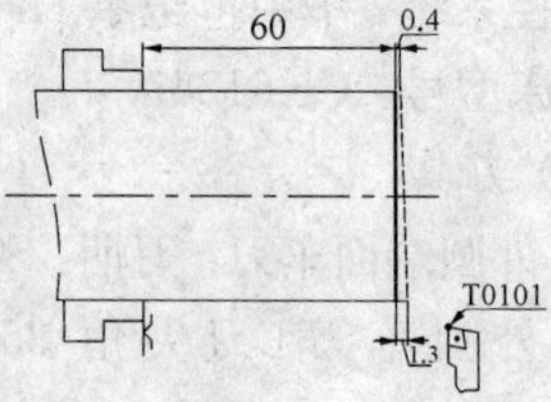

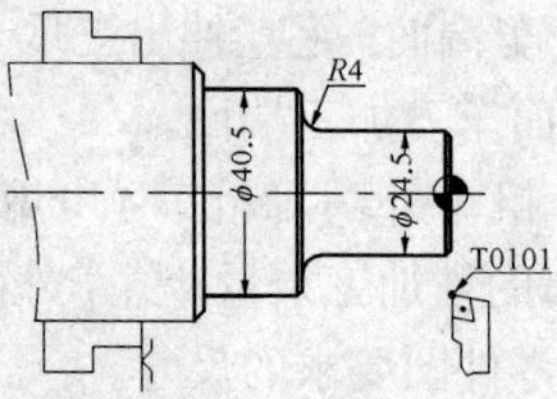

工序序号	**3**	工 步 简 图
工步名		
精车外圆		
刀具名称及规格型号		
外圆车刀 (刀尖角 35°) 刀柄:SVJCR2020K11 刀片:VC..110304		
刀具刀号		
T0202		
切削参数		
t	**1 mm**	
f	**0.1 mm/r**	
s	**800 r/min**	
程序段号	**%0012**	
工序序号	**4**	工 步 简 图
工步名		
工件换边安装		
刀具名称及规格型号		
刀具刀号		
切削参数		
t		
f		
s		
程序段号		

工序序号	**5**	工 步 简 图
工步名		
车端面		
刀具名称及规格型号		
外圆端面车刀 刀柄：SCLCR2020K09 刀片：CC..09T308		
刀具刀号		
T0101		
切削参数		
t	**1 mm**	
f	**0.15 mm/r**	
s	**800 r/min**	
程序段号	**%0013**	

75±0.05

T0101

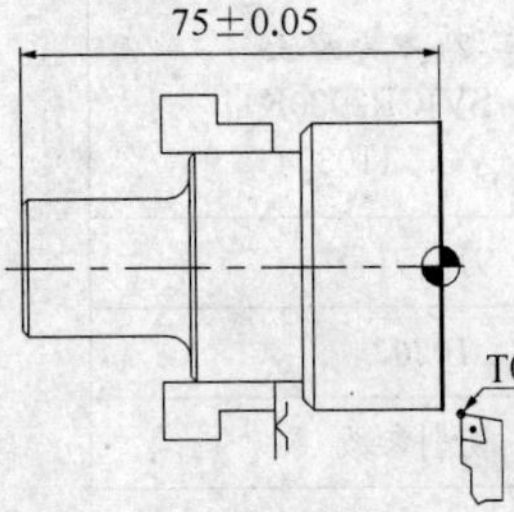

工序序号	**6**	工 步 简 图
工步名		
车外圆		
刀具名称及规格型号		
外圆车刀（刀尖角35°） 刀柄：SVJCR2020K11 刀片：VC..110304		
刀具刀号		
T0202		
切削参数		
t	**1 mm**	
f	**0.1 mm/r**	
s	**800 r/min**	
程序段号	**%0013**	

75±0.05

T0202

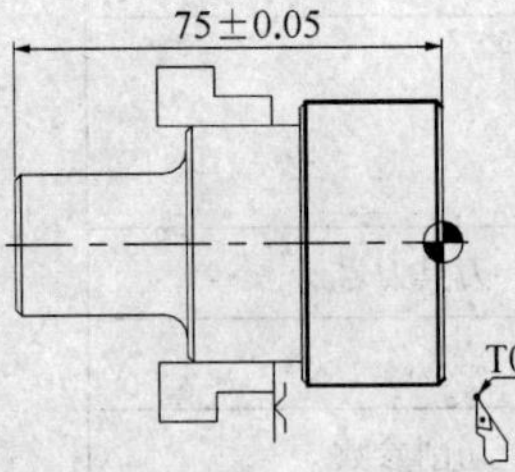

图 6-14 加工工序

5. 加工程序

(1) 夹工件的一端,完成图 6-14 加工工序单中 1～3 工步。

%0011

N05 G00 X100 Z100

N10 S800 M3 T0101

N15 G00 X52 Z0 M8

N20 G95 G01 X−1 F0. 15

N25 G00 X52 Z1

N30 X100 Z100

N35 T0100

N40 M30

%0012

N10 G00 X100 Z100

N20 S800 M3 T0101

N30 G00 G95 X52 Z1 M8

N40 G71 U2 R1 P1 Q2 X0. 5 Z0. 1 F0. 1

N50 G00 X100 Z100

N60 T0202

N70 G00 X20 Z1

N80 G01 X24 Z−1 F0. 1

N85 Z−26

N90 G02 X28 Z−30 R4 F0. 1

N100 G01 S38 F0. 1

N105 U2 W−1

N110 W−19

N115 X46

N120 U6 W−3

N130 G00 X100 Z100

N140 T0100

N150 M30

（2）夹工件的一端，完成图 6 - 14 加工工序单中 5、6 工步。

%0013

N10 G00 X100 Z100

N20 S800 M3 T0101

N30 G00 X46 Z5 M8

N40 G95 G81 X—1 Z4 F0. 15

N45 Z3

N50 Z2

N60 Z1

N65 Z0. 5

N70 Z0

N75 G00 X100 Z100

N80 M00

N90 T0202

N100 S1200 M3

N110 G00 X42 Z2

N120 G01 X48 Z—1 F0. 1

N125 Z—25

N130 G00 X100 Z100

N140 T0100

N150 M30

6. 加工操作

（1）开启机床电源开关

（2）机床回零

1）检查红色急停按钮 ⊘ 是否松开至非急停状态，若未松开，旋转急停按钮 ⊘ ，将其弹出。

2）按下操作面板上回参考零点按钮，使指示灯变亮，进入回零模式。

3) 在回零模式下,点击控制面板上的 +x 按钮,此时 X 轴将回零,再点击 +z ,将 Z 轴回零。

（3）安装毛坯

毛坯伸出三爪卡盘卡爪面约 50 mm,校正、夹紧。见图 6 - 14 加工工序单中的工步简图 1。

（4）输入加工程序

1) 按软键"主菜单 F10",在下级子菜单中按软键"程序 F1",然后再选择"编辑 F2",在弹出的页面中输入新建文件名如"O0011",单击控制面板上的 Enter 键,在光标处逐段输 ％0011 的加工程序。

2) 按软键"程序保存",击控制面板上的 Enter 键确定。

3) 同样的方法再分别新建文件名例如"O0012"、"O0013"的文件夹,并分别将％0012、％0013 的加工程序逐段输入并保存。

（5）检查程序运行轨迹

1) 按软键"主菜单 F10",在下级子菜单中按软键"程序 F1",点击"选择程序 F1",通过方位键 ▲ ▼ 选择需校验的程序文件名,例如:"O0011",按 Enter 键确定,然后再选择"程序校验 F5",按下此软键,转入程序校验状态。

2) 按一下软键"显示切换 F9",将页面切换到能显示模拟加工的界面。

3) 点击控制面板上的 自动 按钮,切换到自动状态,软键 程序校验 变亮,点击 按钮,即可观察数控程序的运行轨迹。

（6）安装刀具并对刀

1) 安装刀具。

1 号刀位:外圆端面车刀

2 号刀位:外圆车刀(刀尖角 35°)

2) 对刀。

① 点击操作面板上的 手动 按钮,切换到手动状态,点击 -x , -z

按钮,使刀具大致移动到可切削零件的位置。

② 点击操作面板上 按钮控制零件的转动,点击 -z 按钮,使所选刀具试切工件外圆,如图 6-15 所示。

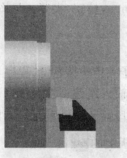 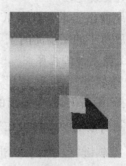

图 6-15   图 6-16

③ 再点击 +z 将刀具退至如图 6-16 的位置,点击操作面板上 按钮,使主轴停止转动,如用游标卡尺测量所车削的外径44.32 mm。

④ 按软键"主菜单 F10",在下级子菜单中按软键"刀具补偿 F4",按软键"刀偏表 F1",用方位键 ▶ 将光标移到刀偏号为#0001的试切直径处,按 Enter 键后,可通过控制面板上的 MDI 键盘将所测得的外径 44.32 填入,按 Enter 键确认。此时系统自动计算"X偏置"的值。

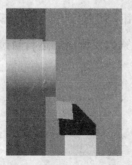 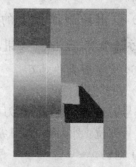

图 6-17   图 6-18

⑤ 点击 -z , -x 试切工件端面,如图 6-17 所示;再点击 -x 将刀具退至如图 6-18 的位置。

⑥ 点击操作面板上 按钮使主轴停止转动,用方位键 ▶ 将光标移到刀编号为♯0001 的试切长度处,按 Enter 键后,可通过控制面板上的 MDI 键盘将"0.5"填入,按 Enter 键确认。此时系统自动计算"Z 偏置"的值。

注:用 MDI 键盘将"0.5"填入,可使工件的右端面与程序原点的距离为 0.5 mm,确保在运行%0011 程序车端面时有 0.5 mm 的加工余量。 ☞

⑦ 同样的方法将 2 号刀具对好。

(7) 自动加工

完成导入数控程序、对刀后,可进行自动加工。

按软键"主菜单 F10",在下级子菜单中按软键"程序 F1",点击"选择程序 F1",通过方位键 ▲ ▼ 选择需加工的程序文件名,例如:"O0011",按 Enter 键确定。

在控制面板上点击 按钮,转入到自动加工状态,点击 按钮即开始自动加工。程序运行到 M00 指令时会暂停运行,再点击 按钮即可继续自动加工。

(8) 工件换边安装

用软爪或护套夹 φ40 的外圆,校正、夹紧,见工序单(图 6-14)中工步简图 4。

(9) 所用刀具 Z 轴方向需重新对刀

工件换边安装后,由于%0012 中的程序原点与%0013 的程序原点在 Z 轴方向产生了偏差。故要将在%0013 程序中使用的刀具重新设置"试切长度"。

1) 点击操作面板上的 按钮,切换到手动状态。

2) 点击操作面板上 按钮控制零件的转动,点击 -z , -x 试切工件端面,如图 6-17 所示。

3)点击 -x 将刀具退至如图 6-18 所示的位置,点击操作面板上 主轴停止 按钮使主轴停止转动,拆卸工件,测量总长 Z_1,用 Z_1 减去零件图中工件的总长 75 作为当前刀尖距程序原点的距离,例如: $Z_1 - 75 = Z_2$。

4)将工件重新安装,点击操作面板上 主轴正转 按钮控制零件的转动,通过手动或增量方式使刀尖接触工件的端面,将 Z_2 的值输入到刀偏表中的刀偏号为♯0001 的"试切长度"处。

5)点击 -z 按钮,将刀具移离工件到可以安全转动刀架的位置。按控制面板上的"刀位转换"按钮,选用 2 号刀具外圆车刀(刀尖角 35°),通过手动或增量方式使刀尖接触工件的端面,将 Z_2 的值输入到到编号表中的刀编号为♯0002 的"试切长度"处。

(10)自动加工

按软键"主菜单 F10",在下级子菜单中按软键"程序 F1",点击"选择程序 F1",通过方位键 ▲ ▼ 选择需加工的程序文件名,例如:"O0013",按 Enter 键确定。

在控制面板上点击 自动 按钮,转入到自动加工状态,点击 循环启动 按钮即开始自动加工。

第二节　数控铣床加工综合实训操作实例

一、数控铣床操作面板简介

本部分以华中 HCNC-21M 世纪星系统为例,简述数控铣床面板的操作方法。图 6-19 为 HCNC-21M 铣床系统操作面板图,它大致可分为:机床操作按键区(PC 按键区)、MDI 键盘区(NC 按键站)、功能软键区、显示屏。

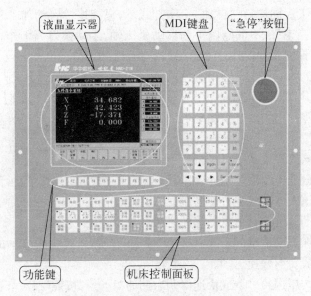

图 6-19 系统操作面板功能区划分

1. 机床操作按键区

(1) 工作方式选择按键

如图 6-20 所示。

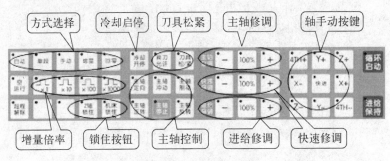

图 6-20 操作按键区

数控系统通过工作方式键,对操作机床的动作进行分类。在选定的工作方式下,只能做相应的操作。例如:在"手动"工作方式下,只能做手动移动机床轴、手动换刀等工作,不可能做连续自动的工件加工。同样,在"自动"工作方式下,只能连续自动加工工件或模拟加工工件,不可能做手动移动机床轴、手动换刀等工作。下面将各工作方式的工作范围介绍如下:

机床运行过程中,在危险或紧急情况下,按下"急停"按钮,CNC 即进入急停状态:伺服进给及主轴运转立即停止工作,控制柜内的进给驱动电源被切断。松开"急停"按钮,左旋此按钮自动跳起,CNC 进入复位状态。

自动 该工作方式下可进行如下操作:

自动连续加工工件;模拟加工工件;在 MDI 模式下运行指令。

手动 该工作方式下可使系统处于点动运行方式,与各方向的轴手动按键结合可点动移动机床各坐标轴。

在点动进给时若同时按压"快进"按键,则产生相应轴的正向或负向快速运动。

按压进给修调或快速修调右侧的"100%"按键(指示灯亮),进给或快速修调倍率被置为 100%。按一下"+"按键,修调倍率递增"10%",按一下"一"按键,修调倍率递减 10%。

增量 当手持单元开关设为"关"时,工作方式为"增量"。

当手持单元开关设为"开"时,工作方式为"手摇"。

"增量"工作方式下可进行如下操作:

定量移动机床坐标轴,移动距离由倍率调整。

"手摇"工作方式下可进行如下操作:

可通过手轮连续精确控制机床的移动,机床进给速度受手摇速度和倍率控制。

回零 该工作方式下可进行如下操作:

手动返回参考点,建立机床坐标系(机床开机后应首先进行回参考点操作)。

(2) 机床操作按键

如图 6-21 所示。

循环启动 "自动"、"单段"工作方式下有效。按下该键后,机床可进行自动加工或模拟加工。

进给保持 在自动运行过程中,按一下"进给保持"按键(指示灯亮),程序执行暂停,机床运动轴减速停止。暂停期间辅助功能 M,主轴功能 S,刀具功能 T 保持不变。

机床锁住 禁止机床所有运动。在手动、手摇运行方式下,按一下"机床锁住"按键(指示灯亮)再进行手动操作,系统继续执行,显示屏上的坐标轴位置信息变化,但不输出伺服轴的移动指令,所以机床停止不动。

Z轴锁住 禁止进刀。
在手动运行开始前按一下"Z轴锁住"按键(指示灯亮),再手动移动"Z"轴,Z 轴坐标位置信息变化,但 Z 轴不运动。

超程解除 当机床超出安全行程时,行程开关撞到机床上的挡块,切断机床伺服强电,机床不能动作,起到保护作用。如要重新工作,需一直按下该键,接通伺服电源,同时再在"手动"方式下,反向手动移动机床,使行程开关离开挡块。

主轴正转 手动、手摇工作方式下,按下该键后,主轴以设定的转速正转。但正在反转的过程中,该键无效。

主轴反转 手动、手摇工作方式下,按下该键后,主轴以设定的转速反转。但正在正转的过程中,该键无效。

主轴制动 在手动方式下,主轴处于停止状态时,按一下"主轴制动"按键(指示灯亮),主电机被锁定在当前位置。

主轴停止 按一下"主轴停止"按键(指示灯亮),主电机停止运转。

主轴冲动 在手动方式下,当"主轴制动"无效时(指示灯灭),按一下"主轴冲动"按键(指示灯亮),主电机以机床参数设定的转速和时间转动一定的角度。

主轴定向 在手动方式下,当"主轴制动"无效时(指示灯灭),按一下"主轴定向"按键主轴立即执行主轴定向功能,定向完成后按键内指示灯亮,主轴准确停止在某一固定位置。

空运行 如选择了此功能。在"自动"工作方式下,按下该键后,机床以系统最大快移速度运行程序。使用时注意坐标系间的相互关系,避免发生碰撞。

在手动方式下,通过按压"允许换刀"按键,使得允许刀具松/紧操作有效(指示灯亮),按一下"刀具松/紧"按键,松开刀具,默认值为夹紧;再按一下又为夹紧刀具,如此循环。

在手动方式下,按一下"冷却开/停",冷却液开,默认值为冷却液关;再按一下又为冷却液关,如此循环。

通过该三个速度修调按键,对主轴转速、G00快移速度、工作进给或手动进给速度进行修调。

"增量"、"手动"和"回零"工作方式下有效。

"增量"时:确定机床定量移动的轴和方向。

"手动"时:确定机床移动的轴和方向。通过该类按键,可手动控制刀具或工作台移动。移动速度由系统最大加工速度和进给速度修调按键确定。当同时按下方向轴和"快进"按键时,以系统设定最大加工速度移动。

"回零"时:确定回参考点的轴和方向。

倍率选择键:"增量"工作方式下有效。通过该类键选择定量移动的距离量。

增量倍率按键	×1	×10	×100	×1 000
增量值(mm)	0.001	0.01	0.1	1

(3) MDI 键盘区

如图 6-21 所示,MDI 键盘区按键功能同计算机键盘按键功能一样。包括字母键、数字键、编辑键等。

(4) 手摇进给

图 6-22 为 MPG 手持单元由手摇脉冲发生器、坐标轴选择开

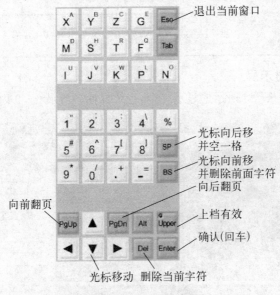

退出当前窗口

光标向后移并空一格

光标向前移并删除前面字符

向后翻页

向前翻页

上档有效

确认(回车)

光标移动 删除当前字符

图 6-21 MDI 键盘区

关组成,用于手摇方式增量进给坐标轴。

　　当手持单元的坐标轴选择波段开关置于"X"、"Y"、"Z"、"4"档时,按一下控制面板上的"增量"按键(指示灯亮),系统处于手摇进给方式,可手摇进给机床坐标轴。

　　顺时针/逆时针旋转手摇脉冲发生器一格,选定的坐标轴将向正向或

图 6-22 MPG 手持单元结构

负向移动一个增量值。手摇进给方式每次只能增量进给 1 个坐标轴。

　　手摇进给的增量值(手摇脉冲发生器每转一格的移动量)由手持单元的增量倍率波段开关"×1"、"×10"、"×100"控制。增量倍率波段开关的位置和增量值的对应关系如下表:

表 6-1

增量倍率按键	×1	×10	×100
增量值(mm)	0.001	0.01	0.1

2. 显示屏

如图 6-23 所示的显示屏上,系统界面各区域 1~9 内容如下:

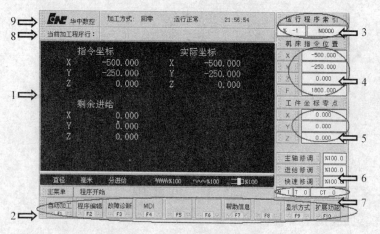

图 6-23 系统界面内容

1——图形显示窗口

可以根据需要用功能键 F9 设置窗口的显示内容。

2——菜单命令条

通过菜单命令条中的功能键 F1~F10 来完成系统功能的操作。

3——运行程序索引

自动加工中的程序名和当前程序段行号。

4——选定坐标系下的坐标值

坐标系可在机床坐标系/工件坐标系/相对坐标系之间切换。

显示值可在指令位置、实际位置、剩余进给、跟踪误差、负载电流和补偿值之间切换(负载电流只对Ⅱ型伺服有效)。

5——工件坐标零点

工件坐标系零点在机床坐标系下的坐标。

6——倍率修调

主轴修调——当前主轴修调倍率。

进给修调——当前进给修调倍率。

快速修调——当前快进修调倍率。

7——辅助机能

自动加工中的 M、S、T 代码。

8——当前加工程序行

当前正在或将要加工的程序段。

9——当前加工方式、系统运行状态及当前时间

工作方式——系统工作方式根据机床控制面板上相应按键的状态,可在自动(运行)、单段(运行)、手动(运行)、增量(运行)、回零、急停、复位等之间切换。运行状态——系统工作状态在"运行正常"和"出错"之间切换。系统时钟——当前系统时间。

3. 功能软键

如图 6-24 所示,系统界面中最重要的一块是菜单命令条。操作者通过操作命令条 F1~F10 菜单所对应的 F1~F10 功能软键,完成系统的主要功能。

$$\boxed{F1}\ \boxed{F2}\ \boxed{F3}\ \boxed{F4}\ \boxed{F5}\ \boxed{F6}\ \boxed{F7}\ \boxed{F8}\ \boxed{F9}\ \boxed{F10}$$

图 6-24 功能软键

由于菜单采用层次结构,即在主菜单下选择一个菜单项后,数控装置会显示该功能下的子菜单,故按下同一个功能软键,在不同

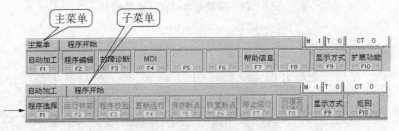

图 6-25 功能菜单层次结构

菜单层时,其功能不同。用户应根据操作需要及菜单显示功能,操作对应的功能软键,如图 6-25 所示。

该系统基本功能菜单结构如图 6-26 所示。

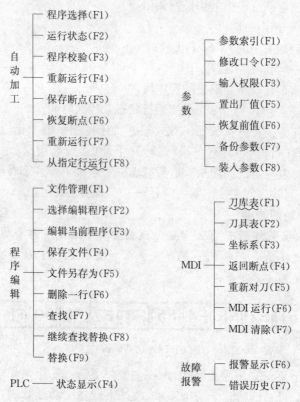

图 6-26 系统基本功能菜单结构

二、工程实例

在预先处理好的 120 mm×100 mm×30 mm 材料上加工图 6-27 所示的零件(**HZSM01**),其中尺寸 120 mm×100 mm× 30 mm 通过其他方式加工到位,具体尺寸参照图 6-28,要求手工完成数控程序的编制。

1. 目的和要求

（1）了解数控铣床的基本结构和加工特点。

（2）通过简单零件的加工实践，熟练掌握数控铣床或加工中心的操作方法。

（3）掌握铣削过程中，数控加工工艺过程的处理。

图 6 - 27　工件实体图

（4）掌握手工编制轮廓铣削程序的方法和补偿的设置方法。

（5）重点掌握轮廓铣削过程中走刀路线的合理安排。

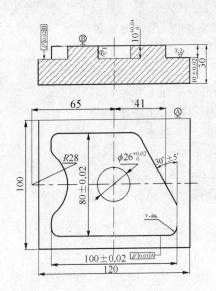

技术要求：

1. 未注公差尺寸按 GB1804 - M；

2. 工件尺寸：120 mm×100 mm×30 mm；

3. 材料：45 钢；

4. 锐边倒钝。

图 6 - 28　HZSM01 零件图

2. 所用设备、刀具

(1) 设备

华中世纪星 HNC - 21M 数控系统,XK713 数控铣床。

(2) 刀具

1) ϕ16 mm 四刃立铣刀。

2) ϕ10 mm 键槽铣刀。

3. 毛坯材料

工件材料: 45 钢。

4. 加工工艺分析

本例中由于零件 4 个侧面及底面、顶面均已符合要求无需再加工,所以采用平口钳装夹即可,选择以下 2 种刀具进行加工: 1 号刀为 ϕ16 mm 四刃立铣刀,用于加工外轮廓;2 号刀 ϕ10 mm 键槽铣刀,用于加工 ϕ26 mm 孔。

该零件的加工工艺为: 粗加工外轮廓→精加工外轮廓→粗加工 ϕ26 mm 的内圆→精加工 ϕ26 mm 的内圆。

5. 加工程序和加工工序单

(1) 外轮廓粗加工程序

1) 程序名: O8001。

2) 使用 ϕ16 mm 四刃立铣刀。

3) 刀具半径补偿 $D1=8.15$(即通过刀补留单边 0.15 mm 的加工余量)。

4) O8001 程序如下(走刀路线示意图见图 6 - 29)。

%8001	(主程序)
N10 G17 G21 G40 G49 G90 G94	初始化程序
N20 G54 G00 X69 Y20	设定工件坐标系,快速定位至下刀点 A
N30 Z100 M3 S600	快速定位至 $Z=100$ 处,主轴正转,转速为 600 转/分
N40 Z2 M7	快速移动至工件上方 2 mm,切削液开

N50 G1 Z0 F100　　　　　　　以 100 mm/min 的速度下刀
　　　　　　　　　　　　　　至零件上表面

N60 M98 P8002 L2　　　　　　调用 8002 子程序,调用次数
　　　　　　　　　　　　　　为 2,铣外轮廓

N70 G0 Z100 M9　　　　　　　快速抬刀至 $Z=100$ 位置,切
　　　　　　　　　　　　　　削液关

N80 M5　　　　　　　　　　　主轴停转

N90 M30　　　　　　　　　　　程序结束

%

%8002　　　　　　　　　　　 (子程序)

N10 G91 G01 Z−5 F100　　　　以 100 mm/min 的速度下刀
　　　　　　　　　　　　　　至上一加工深度下来 5 mm

N20 G90 G01 X51.39 Y50 F80　以 80 mm/min 的速度直线进
　　　　　　　　　　　　　　给至工件 B 点

N30 X35.23　　　　　　　　　由点 B 直线进给至点 C ⎤

N40 X60 Y7.09　　　　　　　　由点 C 直线进给至点 D ⎥

N50 Y−50　　　　　　　　　　由点 D 直线进给至点 E ⎥

N60 X−60　　　　　　　　　　由点 E 直线进给至点 F ⎥

N70 Y50　　　　　　　　　　　由点 F 直线进给至点 G ⎥

N80 X35.23　　　　　　　　　由点 G 直线进给至点 C ⎦

　　　　　　　　　　　　　　刀具走中心线,沿工件四边
　　　　　　　　　　　　　　切削,目的是去除四个角落
　　　　　　　　　　　　　　多余的残料。

N100 G41 D1 G01 X19.64 Y37　由点 C 直线进给至点 H,并
　　　　　　　　　　　　　　建立刀具半径左补偿

N110 X49.20 Y−14.2　　　　　由点 H 直线进给至点 I

N120 G02 X50 Y−17.20 R6　　由点 I 圆弧进给至点 J

N130 G01Y−34　　　　　　　　由点 J 直线进给至点 K

N140 G02 X44 Y−40 R6　　　　由点 K 圆弧进给至点 L

N150 G01 X—44   由点 L 直线进给至点 M

N160 G02 X—50 Y—34 R6   由点 M 圆弧进给至点 N

N170 G01 Y—26.74   由点 N 直线进给至点 O

N180 G02 X—47.71   由点 O 圆弧进给至点 P

Y—22.02 R6

N190 G03 Y22.02 R28   由点 P 圆弧进给至点 Q

N200 G02 X—50 Y26.74 R6   由点 Q 圆弧进给至点 R

N210 G01 Y34   由点 R 直线进给至点 S

N220 G02 X—44 Y40 R6   由点 S 圆弧进给至点 T

N230 G01 X14.44   由点 T 直线进给至点 U

N240 G02 X19.64 Y37 R6   由点 U 圆弧进给返回至点 H

N250 G40 G01 X69 Y20 F300   由点 H 返回至点 A 并取消刀补

N260 M99   子程序结束

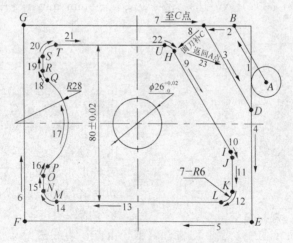

图 6-29 外轮廓粗走刀路线示意图

图中各点坐标：

A(69，20)   D(60，7.09)

B(51.39，50)   H(19.64，37)

C(35.23，50)   I(49.2，—14.2)

$J(50, -17.2)$	$P(-47.71, -22.02)$
$K(50, -34)$	$Q(-47.71, 22.02)$
$L(44, -40)$	$R(-50, 26.74)$
$M(-44, -40)$	$S(-50, 34)$
$N(-50, -34)$	$T(-44, 40)$
$O(-50, -26.74)$	$U(14.44, 40)$

(2) 外轮廓精加工程序

1) 使用 $\phi16$ mm 四刃立铣刀。

2) 刀具半径补偿 D1＝8（精加工到理论尺寸）。

3) 精加工程序在原粗加工程序 O8001 上按下列步骤修改后另存为 O8003。

① 将主程序 8001 中的"N60 M98 P8002L2"改为"N60 M98 P8002L1"（即只调用一次子程序，深度一次加工到位）。

② 将子程序 8002 中的"N10 G91 G01 Z－5 F100"改为"N10 G91 G01 Z－10 F100"。

③ 删除子程序 8002 中的 N40 至 N80 程序段，或在 N40 至 N80 程序段的每段程序段前加上";"（即跳过 N20 至 N80 程序段）。

④ 另存为 O8003。

(3) $\phi26$ mm 孔粗加工程序

1) 程序名：O8004。

2) 使用 $\phi10$ mm 键槽铣刀。

3) 刀具半径补偿 D2＝5.12（即通过刀补留单边 0.12 mm 的加工余量）。

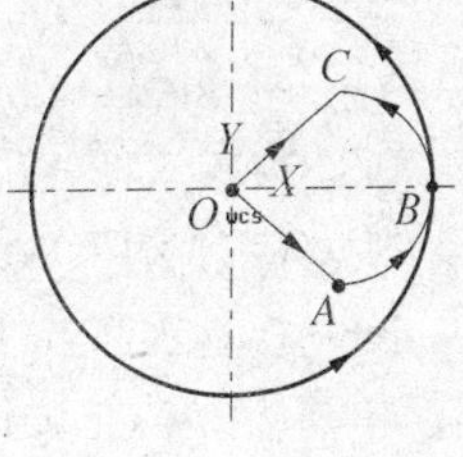

图 6-30 $\phi26$ 整圆粗走刀路线示意图

4) O8004 程序如下（走刀路线示意图见图 6-30）。

％8004	（主程序）
N10 G17 G21 G40 G49 G90 G94	初始化程序
N20 G54 G00 X0 Y0	设定工件坐标系，快速定位至下

刀点 O（圆心）

N30 Z100 M3 S800　　　　快速定位至 $Z=100$ 处，主轴正转，转速为 800 转/分

N40 Z2 M7　　　　快速移动至工件上方 2 mm，切削液开

N50 G01 Z0 F100　　　　以 100 mm/min 的速度下刀至零件上表面

N60 M98 P8005L3　　　　调用 8005 子程序，调用次数为 3，铣外轮廓

N70 G0 Z100 M9　　　　快速抬刀至 $Z=100$ 位置，切削液关

N80 M5　　　　主轴停转

N90 M30　　　　程序结束

%

%8005　　　　（子程序）

N10 G91 G01 Z－3.333 F50　　　　以 50 mm/min 的速度下刀至相对于上一加工深度下来 3.333 mm

N20 G90 G41 D2 G01 X7 Y－6 F80　　　　绝对坐标编程，直线进给至点 A 并建立刀具左补偿

N30 G03 X13 Y0 R6　　　　圆弧进刀至点 B

N40 G03 X13 Y0 I－13 J0　　　　铣削 $\phi26$ 整圆

N50 G03 X7 Y6 R6　　　　圆弧退刀至点 C

N60 G40 G01 X0 Y0　　　　返回圆心点 O 并取消刀补

N70 M99　　　　子程序结束

6. $\phi26$ mm 孔精加工程序

1) 使用 $\phi10$ mm 键槽铣刀。

2) 径补偿 $D2=5$（精加工到理论尺寸）。

3) 程序在原粗加工程序 O8004 上按下列步骤修改后另存为 O8006。

① 将主程序 8004 中的"N60 M98 P8005L3"改为"N60 M98

P8005L1"（即只调用一次子程序，深度一次加工到位）。

② 将子程序 8005 中的"N10 G91 G01 Z−3.333 F50"改为"N10 G91 G01 Z−10 F50"。

③ 另存为 O8006。

7. 数控加工程序单

数控加工程序单，如表 6-2 所示。

表 6-2　数控加工程序单

图纸编号	工件名称	编程人员	编程时间	文件存档位置及档名		
HZSM01	**HZSM01**	20051008	2005.5.1			
序　号	程序名	刀　具				加工余量	加工时间	备　注
		类型	直径	刀角半径	加工深度			
1	O8001	平刀	φ16	0	0 至 −10	0.15		粗加工轮廓
2	O8003	平刀	φ16	0	0 至 −10	0		精加工轮廓
3	O8004	键槽刀	φ10	0	0 至 −10	0.12		开粗内孔
4	O8006	键槽刀	φ10	0	0 至 −10	0		精加工内孔

安装示意图：

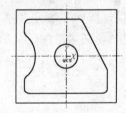

说明：
1. 用虎钳装夹，顶面高于钳口 15～18 mm。
2. X、Y 加工原点——X、Y 向以工件的中点为 O 点。
3. Z 加工原点——以工件的顶面为 Z 向 0 点。
4. 粗加工程序刀补等于所使用刀具半径 +0.12～+0.15；精加工程序刀补等于所使用刀具半径。

8. 加工操作

（1）开启机床电源开关

（2）机床回零

1）检查急停按钮是否松开至 状态，若未松开，旋转急停按钮 ，将其弹出。

2）检查操作面板上回零指示灯是否亮 ，若指示灯亮，则已进入回零模式;若指示灯不亮,则按 [回零] 按钮,使回零指示灯亮,转入回零模式。

3) 在回零模式下,按控制面板上的 +z 按钮,此时 Z 轴将回零,CRT 上的 Z 坐标变为"0.000"。同样,分别再按 +X +Y,可以将 X、Y 轴回零。此时 CRT 界面如图 6‐31 所示。

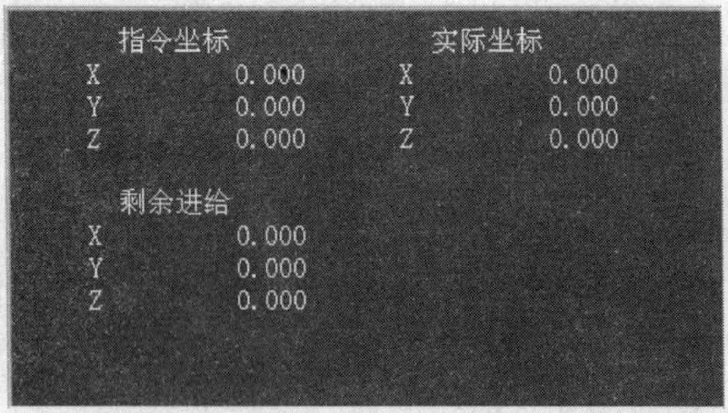

图 6‐31　CRT 界面上的显示值

(3) 安装工件

把 120 mm×100 mm×30 mm 的长方形工件用等高垫块垫在下面,放在平口钳中,并使上表面高出钳口约 15~18 mm,校正和 X 轴同向的侧面与 X 轴平行及上表面与工作台平行,夹紧工件。

(4) X、Y 轴对刀

1) X 轴方向对刀。

① 在主轴上安装 ϕ10 的寻边器。

② 在自动状态下,按软键"MDI F4",再选择"MDI 运行 F6",在操作面板上的键入"M03S500"并按 [Enter] 确认输入,单击"循环启动"键,主轴将以 500 r/min 的速度转动。

③ 将操作面板中 [手动] 切换到"手动"方式,利用操作面板上的按钮+X、+Y、+Z、−X、−Y、−Z 及"快进"方向键,将机床移动到如图 6‐32 所示的大致位置,可以看到未与工件接触时,寻边器测量端大幅度晃动。

图 6 - 32　移动到靠近工件大致位置　　图 6 - 33　晃动幅度逐渐减小

④ 移动到大致位置后,可采用增量方式进行移动,使操作面板按钮 [增量] 亮起,通过 [x1] [x10] [x100] [x1000] 调节操作面板上的倍率,按 -X 按钮,使寻边器测量端晃动幅度逐渐减小,直至固定端与测量端的中心线重合,如图 6 - 33 所示;若此时再进行增量或手轮方式的小幅度进给时,寻边器的测量端突然大幅度偏移,如图 6 - 34 所示。即认为此时寻边器与工件恰好吻合。也可以在增量方式下采用手轮方式进行移动,旋转旋钮 [ ] 选择移动方向,旋转旋钮 [ ] 选择手轮移动量,并调节手轮 [ ]。寻边器晃动幅度逐渐减小,直至几乎不晃动,若此时再进行增量或手轮方式的小幅度进给时,寻边器突然大幅度偏移,即认为此时寻边器与工件恰好吻合。

图 6 - 34　寻边器突然大幅度偏移　　图 6 - 35　Y 向碰数边

记下寻边器与工件恰好吻合时 CRT 界面中的 X 坐标,如为 -235 (即基准工具中心的 X 坐标),由题目可知工件的尺寸 120 mm×

100 mm×30 mm 已加工到位,则工件上表面中心的 X 的坐标(记为 X_0)为基准工具中心的 X 的坐标-零件长度的一半-基准工具半径。即

$$X_0 = -235 - 120/2 - 10/2 = -300$$

记下此数值。

2) Y 轴方向对刀。

Y 方向对刀采用同样的方法,用寻边器碰图 6-35 所示的工件一边,记下寻边器与工件恰好吻合时 CRT 界面中的 Y 坐标,如为 -270,得到工件中心的 Y 坐标(记为 Y_0)为基准工具中心的 Y 坐标 $+$ 零件宽度的一半 $+$ 基准工具半径。即

$$Y_0 = -270 + 100/2 + 10/2 = -215$$

记下此数值。

完成 X,Y 方向对刀后,按操作面板中 手动 切换到"手动"方式;利用操作面板上的按钮 +Z ,将 Z 轴提起,按 主轴停止 按钮,使主轴停止转动,并拆下寻边器。

3) 刀具准备和 Z 轴对刀。

① 准备好加工所用的 2 把刀具(见表 5-2 加工程序单),为方便说明在此将其编号为 T1、T2。

② 在主轴上装好刀具 T1(即 $\phi16$ mm 四刃立铣刀),在手动方式下按 主轴正转 ,主轴转动。利用操作面板上的按钮 -X +X 、 -Y +Y 、 -Z +Z ,将机床移动到如图 6-36 所示的大致位置。

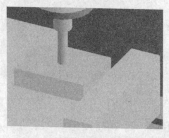

③ 移动到大致位置后,可采用增量方式进行移动,使操作面板按钮 增量 亮起,通过 x1 x10 x100 x1000 调节操作面板上的倍率,按 -Z 按钮,使刀具慢慢靠近工件,当刀具将零件切削极小部分(可将刀具在 X 或 Y 方向移动,通过观察有无刀

图 6-36 刀具靠近工件顶面

痕或切屑产生来判断)时,记下此时 Z 的坐标值(记为 Z_0),如为 -504。即

$$Z_0 = -504$$

④ 设置坐标系。

按软键 MDI F4 ,进入 MDI 参数设置界面,在弹出的下级子菜单中按软键 坐标系 F3 ,进入自动坐标系设置界面,如图 6-37 所示,在控制面板的 MDI 键盘上按字母和数字键,在自动坐标系 G54 下按如下格式输入"X-300Y-215Z-504",按 Enter 键,将输入域中的内容输入到指定坐标系中(即将 X、Y、Z 零点的机床坐标 X、Y、Z 输入至 G54 坐标系中),此时 CRT 界面上的坐标值发生变化,对应显示输入域中的内容,如图 6-38 所示。

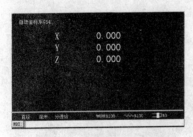

图 6-37 自动坐标系设置界面

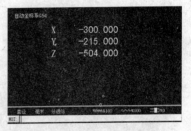

图 6-38 设置坐标系

⑤ 设置刀具半径补偿。

在起始界面下按软键 MDI F4 ,进入 MDI 参数设置界面,此时在弹出的下级子菜单中可见"刀具表"软键 刀具表 F2 ,按软键 刀具表 F2 进入参数设定页面;如图 6-39 所示:

用 ▲ ▼ ◄ ► 将光标移到对应刀号♯0001 的半径栏中,按 Enter 键后,此栏可以输入字符,通过控制面板上的 MDI 键盘根据需要输入♯0001 刀具半径补偿值"8.15",按 Enter 键确认;用 ▲ ▼ ◄ ► 将光

图 6-39 刀具表参数设定页面

标移到对应刀号#0002 的半径栏中,按 Enter 键后,此栏可以输入字符,通过控制面板上的 MDI 键盘根据需要输入 #0002 刀具半径补偿值"5.12",完成后如图 6-40 所示。

图 6-40 设置 1、2 号刀具半径补偿

(5)程序选择和自动加工

1)可将程序 O8001. NC、O8003. NC、O8004. NC、O8006. NC

用编程计算机中的记事本编辑好后,用软盘或通过通讯接口输送至机床控制系统,然后按软键 自动加工 F1 ,在弹出的下级子菜单中按软键 程序选择 F1 ,弹出下级子菜单"磁盘程序;正在编辑的程序",按软键 F1 或用方位键 ▲ ▼ 将光标移到"磁盘程序"上后再按 Enter 确认,则选择了"磁盘程序",弹出如图 6 - 41 所示的对话框。

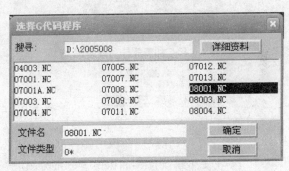

图 6 - 41　选择磁盘程序

通过 ▲ ▼ 选择所需的第一个加工程序 O8001. NC,按 Enter 键确认。

2) 按 自动 按钮,使其指示灯变亮,进入自动加工模式,再按 循环启动 按钮,则开始进行自动加工第一个程序 O8001. NC。

3) 运行完 O8001. NC,不用换刀,将♯0001 刀具补偿中的半径补偿改为"8",调出 O8003. NC,进行加工;加工完第一、二个程序后,取下第一把刀,换上第二把刀(即 φ10 键槽刀)后,应重新将 Z 方向对刀并设置 G54 坐标系中的 Z 坐标(X、Y 方向不用再设置),方法与第一把刀 Z 方向对刀方法一样;选择程序 O8004. NC 并进行自动加工。

4) 按同样的方法,按程序单上的顺序换取对应的刀具和重新将 Z 方向对刀并设置 G54 坐标系中的 Z 坐标、将♯0002 刀具补偿中的半径补偿改为"5",运行程序 O8006. NC。

执行完所有程序后的效果如图 6 – 42 所示。

图 6 – 42　加工完毕后效果图

⸬[⸬ 思 考 与 练 习 ⸬]⸬

1. HCNC – 21T 车床系统操作面板由哪些部分组成？
2. HCNC – 21M 铣床系统操作面板由哪些部分组成？

第 *7* 章 数控加工中心
编程与加工

本章主要内容包括加工中心的组成和分类、加工中心的工艺处理过程、加工中心的功能指令等。此外对加工中心的刀具的选择和交换作了简单的介绍。

第一节 数控加工中心简介

一、加工中心简介

1. 加工中心特点

加工中心是将数控铣床、数控镗床、数控钻床的功能组合起来，并装有刀库和自动换刀装置的数控镗铣床。立式加工中心主轴轴线（Z 轴）是垂直的，适合于加工盖板类零件及各种模具；卧式加工中心主轴轴线（Z 轴）是水平的，一般配备容量较大的链式刀库，机床带有一个自动分度工作台或配有双工作台以便于工件的装卸，适合于工件在一次装夹后，自动完成多面多工序的加工，主要用于箱体类零件的加工。数控加工中心是典型的集高新技术于一体的机械加工设备，它的发展代表了一个国家设计和制造业的水平，成为现代机床发展的主流和方向。

2. 加工中心加工对象

加工中心适用于形状复杂、工序多、精度要求高、需要多种类型普通机床经过多次安装才能完成加工的零件。其主要加工对象为：

（1）箱体类零件　这类工件一般都要求进行多工位孔系及平面的加工,定位精度要求高,在加工中心上加工时,一次装夹可完成普通机床 60%～95% 的工序内容。

（2）复杂曲面类零件　复杂曲面一般可以用球头铣刀进行三坐标联动加工,加工精度较高,但效率低。如果工件存在加工干涉区或加工盲区,就必须考虑采用四坐标或五坐标联动的机床。

（3）异形件　异形件是外形不规则的零件,大多需要点、线、面多工位混合加工。加工异形件时,形状越复杂,精度要求越高,使用加工中心越能显示其优越性,如手机外壳等。

（4）板、套、盘类零件　这类工件包括带有键槽和径向孔,端面分布有孔系、曲面的盘套或轴类工件。

（5）特殊加工

3. 加工中心存在的问题

加工中心工序集中固然有其优越性,但也存在一些问题:

（1）粗加工后直接进入精加工阶段,工件的温升来不及回复,冷却后造成尺寸变动。

（2）工件由毛坯直接加工成成品,一次装夹中金属切除量大,几何形状变化大,没有释放应力的过程,应力释放后会造成工件变形。

（3）连续的切削会使切屑堆积、缠绕等,会影响加工的顺利进行及零件表面的加工质量,甚至使刀具损坏,工件报废。

（4）装夹零件的夹具既要克服粗加工的切削力,又要在精加工中准确定位,而且零件夹紧变形要小。

（5）自动换刀装置的应用,使工件尺寸、大小、高度受到一定限制,钻孔深度、刀具长度、刀具直径及重量等也要加以考虑。

二、加工中心的组成

世界上第一台加工中心于 1958 年诞生在美国,美国的卡尼—特雷克公司在一台数控镗铣床上增加了换刀装置,这标志着第一台加工中心的问世。近 50 年来出现了各种类型的加工中心,虽然外形结构各异,但总体上是由以下几大部分组成。

1. 基础部件

由床身、立柱和工作台等大件组成,它们是加工中心结构中的基础部件。这些大件有铸铁件,也有焊接的钢结构件,它们要承受加工中心的静载荷以及在加工时的切削负载,因此必须具备极高的刚度,也是加工中心中质量和体积最大的部件。

2. 主轴部件

由主轴箱、主轴电动机、主轴和主轴轴承等零件组成。主轴的启动、停止等动作和转速均由数控系统控制,并通过装在主轴上的刀具进行切削。主轴部件是切削加工的功率输出部件,是加工中心的关键部件,其结构的好坏,对加工中心的性能有很大的影响。

3. 数控系统

由 CNC 装置、可编程序控制器、伺服驱动装置以及电动机等部件组成,是加工中心执行顺序控制动作和控制加工过程的中心。

4. 自动换刀装置(ATC)

加工中心与一般机床最大的显著区别是具有对零件进行多工序加工能力,有一套自动换刀装置。

三、加工中心的分类

加工中心按其主轴在空间所处的状态可分为立式、卧式及复式加工中心等几种;按坐标轴数可分为三轴二联动、三轴三联动、四轴三联动、五轴四联动以及六轴五联动等;按工作台的数量可分为单工作台、双工作台和多工作台加工中心;按加工精度可分为普通加工中心和高精度加工中心。

1. 立式加工中心

立式加工中心的主轴在空间处于垂直状态,它能完成铣、镗、钻、扩、铰、攻螺纹等加工工序,最适合加工 Z 轴方向尺寸相对较小的工件,一般情况下除底面不能加工外,其余五个面都可以用不同的刀具进行轮廓加工和表面加工。立式加工中心装工件方便、便于操作、找正容易、容易观察切削情况、占地面积小因而应用广泛。如

图 7 - 1 所示。

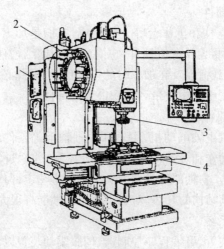

图 7 - 1　立式加工中心
1—数控柜;2—刀库;3—主轴;4—工作台

2. 卧式加工中心

卧式加工中心主轴在空间处于水平状态。一般的卧式加工中心有三至五个坐标轴,常配有一个数控分度回转工作台。其刀库容量一般较大,有的刀库可存放几百把刀具。卧式加工中心的结构较立式加工中心复杂,体积和占地面积较大,价格也较昂贵。卧式加工中心适合于箱体类零件的加工。特别是箱体类零件上的系列组孔和型腔间有位置公差时,通过一次性安装在回转工作台上,即可对箱体(除底面和顶面之外)的四个面进行铣、镗、钻、攻螺纹等加工。卧式加工中心如图 7 - 2 所示。

3. 复式加工中心

复式加工中心又称五面加工中心,其主轴在空间可作水平和垂直转换,故又称立卧式加工中心。这种加工中心兼有立式和卧式加工中心的功能,在加工过程中,零件通过一次安装,即能够完成对五面(除底面外)的加工,并能够保证得到较高的加工精度。但这种加工中心结构复杂,价格昂贵。如图 7 - 3 所示。

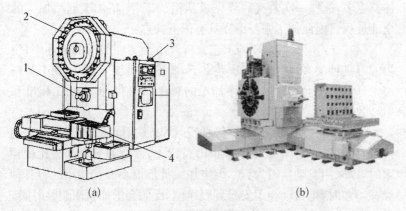

图 7 - 2 卧式加工中心
1—主轴；2—刀库；3—数控柜；4—工作台

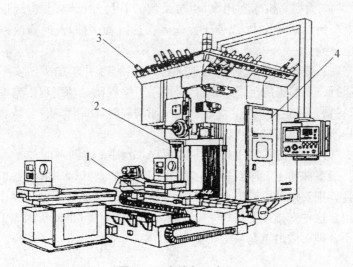

图 7 - 3 复式加工中心
1—工作台；2—主轴；3—刀库；4—数控柜

四、加工中心的编程特点

一般使用加工中心加工的工件形状复杂，工序多，使用的刀具

种类也多,往往一次装夹后要完成从粗加工、半精加工到精加工的全部过程。因此加工中心编程具有以下特点:

(1) 首先应进行合理的工艺分析。由于零件加工的工序多,使用的刀具种类多,甚至在一次装夹下,要完成粗加工、半精加工与精加工,周密合理地安排各工序加工的顺序,有利于提高加工精度和生产效率。

(2) 根据加工要求、批量等情况,决定采用自动换刀还是手动换刀。一般地,对于加工批量在 10 件以上,而且刀具更换又比较频繁时,以采用自动换刀为宜。但当加工批量很小而且使用的刀具种类又不多时,把自动换刀安排到程序中,反而会增加机床调整时间。

(3) 自动换刀要留出足够的换刀空间。有些刀具直径较大或尺寸较长,自动换刀时要注意避免发生撞刀事故。

(4) 为提高机床利用率,尽量采用刀具机外预调,并将测量尺寸填写到刀具卡片中,以便于操作者在运行程序前,及时修改刀具补偿参数。

(5) 对于编好的程序,必须进行认真检查,并于加工前安排好试运行。从编程的出错率来看,采用手工编程比自动编程出错率要高,特别是在生产现场。为临时加工而编程时,出错率更高,认真检查程序并安排好试运行就更为必要。

(6) 尽量把不同工序内容的程序,分别安排到不同的子程序中。当零件加工工序较多时,为了便于程序的调试,一般将各工序内容分别安排到不同的子程序中,主程序主要完成换刀及子程序的调用。这种安排便于按每一工序独立地调试程序,也便于因加工顺序不合理而做出重新调整。

第二节　数控加工中心工艺处理

一、零件的工艺性分析

对于一个零件的加工,采取什么样的工艺方案,不仅影响着零件的加工质量,而且还影响着机床的效率和寿命。普通机床用的加工工艺,实际上只是一个工艺过程,机床的切削用量、走刀路线、工序、工步等往往都由操作工人自行选定,而在加工中心上所用的零件加工程序,不仅包括零件的工艺过程,而且还包括切削用量、走刀路线、刀具尺寸以及机床的运动过程,这些计划和参数,在编制加工程序之前必须首先考虑好。因此,要求编程人员对加工中心的性能、特点,以及工件的装卡、定位等都非常熟悉。了解零件加工的全过程,以及正确、合理地确定零件的加工程序,在编制零件的加工程序之前,编程人员要根据零件图样及技术要求和机床说明书,对零件进行工艺分析,确定合理的工艺方案。在保证零件质量的前提下,选择最佳的走刀路线、切削用量,以充分提高加工中心的效率。

1. 图样分析

仔细研读图样,分析图中的尺寸要求。图样分析主要包括零件轮廓形状、尺寸精度和技术要求、定位基准等。首先保证要求较高尺寸精度、位置精度和表面粗糙度值要求低的表面,然后再考虑其他表面的加工安排。

2. 确定工件安装方案

根据定位基准原则和图样分析,先确定工件的安装,尽可能保证在一次安装将所有表面和轮廓全部加工完成,这样就可以保证图样要求的尺寸精度和位置精度。如需要二次装夹,则要控制装夹误差在一定的范围内,再利用专用检测仪器进行找正和对刀。

二、确定加工顺序

加工顺序(又称工序)通常包括切削加工工序、热处理工序和辅助工序等,工序安排得科学与否将直接影响到零件的加工质量、生产率和加工成本。切削加工工序通常按以下原则安排。

1. 先粗后精

当加工零件精度要求较高时通常都要经过粗加工、半精加工、精加工阶段,如果精度要求更高,还包括光整加工的几个阶段。

2. 基准面先行

用作基准的表面应先加工。任何零件的加工过程总是先对定位基准进行粗加工和精加工。例如：轴类零件总是先加工中心孔，再以中心孔为精基准加工外圆和端面；箱体类零件总是先加工定位用的平面及两个定位孔，再以平面和定位孔为精基准加工孔系和其他平面。

3. 先面后孔

对于箱体、支架等零件，平面尺寸轮廓较大，用平面定位比较稳定，而且孔的深度尺寸又是以平面为基准的，故应先加工平面，然后加工孔。

4. 先主后次

即先加工主要表面，然后加工次要表面。在加工中心上加工零件，一般都有多个工步，使用多把刀具，因此加工顺序安排得是否合理，直接影响到加工精度、加工效率、刀具使用数量和经济效益。此外还应考虑减少换刀次数，节省辅助时间。一般情况下，每换一把新的刀具后，尽量一次加工完用该刀具加工的所有部位，以减少换刀次数，提高生产率。每道工序尽量减少刀具的空行程移动量，按最短路线安排加工表面的加工顺序。安排加工顺序时可参照采用粗铣大平面→粗镗孔→半精镗孔，采用立铣刀加工时：平面粗铣→加工中心孔→钻孔→攻螺纹→平面和孔精加工（精铣、铰、镗等）的加工顺序。

三、加工阶段的划分

主要依据加工零件精度要求的高低，同时还需要考虑到生产批量、坯件质量、机床的加工条件等因素。当零件的加工精度要求较高时，应分成粗加工和精加工两个阶段。粗加工通常在普通机床上加工；而精加工则采用在加工中心机床上进行加工。这样，不仅能保证零件的加工精度，而且能够充分发挥机床的各种功能，提高生产效率。当零件的加工精度要求不太高时，则可在加工中心上完成全部加工工序的内容，但宜划分成粗加工和精加工两道工序分别完成。在加工过程中,对于刚性较差的零件,可采取相应的工艺措施。如粗加工后,在加工过程中安排暂停指令,由操作者将压板等夹紧装置稍稍松开,以恢复零件的弹性变形,然后再用较小的夹紧力将零件夹紧,最后进行精加工。

四、加工工步的确定

在确定加工工步时,主要考虑零件的加工精度和加工效率两个因素。理想的加工工艺不仅应保证零件的加工精度,而且还应尽量提高零件的加工效率。确定加工工步时,应按以下几种情况具体考虑。

1. 按加工零件的精度

当加工零件上同一表面的尺寸要求较高时,则按粗加工→半精加工→精加工的顺序进行;当加工零件的位置精度要求较高时,则对全部表面分别按粗加工→半精加工→精加工的顺序进行。

2. 按加工零件的特征

对于既有铣削面又有坐标孔的零件,可按照先铣后镗的顺序加工,这样才有利于提高孔的加工精度。

3. 按机床的特征

对于位置精度要求较高的孔系加工,特别要注意孔的加工顺序的安排,安排不当时,就有可能将沿坐标轴的反向间隙带入,直接影响位置精度。如图 7-4 所示,图 7-4a 为零件图,在该零件上加工 6 个尺寸相同的孔,有两种加工路线。当按 7-4b 图所示 1→2→3→4→5→6 路线加工时,由于 5、6 孔与 1、2、3、4 孔定位方向相反,Y 方向上的反向间隙会使定位误差增加,而影响 5、6 孔与其他孔的位置精度。按图 7-4c 所示路线,加工完 1→2→3→4 孔后,往上移动一段距离到 P 点,然后再折回来加工 6、5 孔,这样方向一致,可避免反向间隙的引入,提高 5、6 孔与其他孔的位置精度。

4. 按加工工位的特征

对相同工位的零件,可采用工序集中加工的方法,即尽量按就近位置集中加工,以缩短刀具移动距离,减少空运行时间,提高生产

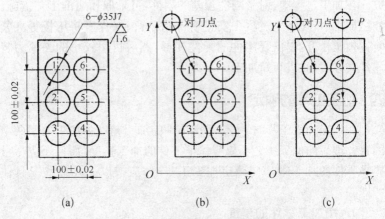

图 7 - 4　孔系零件的加工路线

效率。

5. 按刀具使用的特征

部分加工中心工作台回转时间比换刀时间短,在不影响加工精度的前提下,为了减少换刀次数和空移时间,可采用刀具集中加工的方法,即用同一把刀把零件上相同的部位都加工完毕后,再换第二把刀加工其他部位。但对一些高精度零件,则不能采用这种方法划分其工步。如对同轴度要求很高的孔系零件,为了保证其加工精度,应该在零件一次装夹、定位后,通过一定顺序连续换刀,并按顺序连续加工完该同轴孔系的全部孔后,再加工其他位置上的孔。

6. 按安装、定位的次数

采用加工中心加工零件时,应尽量减少零件安装、定位的次数。一般通过一次性安装,定位后,尽可能完成所有能够加工的表面以减小定位误差对零件加工精度的影响,同时也可缩短加工的辅助时间。

可见,在确定加工中心的工步时,应全面分析零件的精度要求、加工特征,以及机床自身的特征,同时还要兼顾零件的加工效率,最终定出最佳的加工工步。

五、加工工艺参数确定

数控编程时,编程人员必须清楚每道工序的切削用量,并以指令的形式写入程序中。切削用量包括主轴转速、背吃刀量及进给速度等。对于不同的加工方法,需要选用不同的切削用量。切削用量的选择原则是保证零件加工精度和表面粗糙度,充分发挥刀具切削性能,保证合理的刀具寿命并充分发挥机床的性能,最大限度地提高生产率,降低成本。

1. 主轴转速的确定

主轴转速应根据允许的切削速度和零件(或刀具)的直径来选择。其计算公式为:

$$n = 1\ 000v/\pi D$$

式中:v——切削速度(mm/min),由刀具寿命决定;

n——主轴转速(r/min);

D——刀具直径(mm)。

计算主轴转速 n 后,还要根据机床说明书选取机床具有的或较接近的转速。

2. 进给速度的确定

进给速度 F 是数控机床切削用量中的重要参数,主要根据零件的加工精度和表面粗糙度要求,以及刀具、零件的材料性质选取。最大进给速度受机床刚度和进给系统性能的限制。在轮廓加工中,在接近拐角处应适当降低进给量,以克服由于惯性或工艺系统变形在轮廓拐角处造成"超程"或"欠程"现象。

确定进给速度的原则:

(1)当零件的质量要求能够得到保证时,为提高生产效率,可选择较高的进给速度。对于学生在实验、实习中为了保证安全一般进给速度在 100~200 mm/min 范围内选取。

(2)在切断、加工深孔或用高速钢刀具加工时,宜选择较低的进给速度,一般在 20~50 mm/min 范围内选取。

（3）当加工精度，表面粗糙度要求高时，进给速度应选小些，一般在 20～50 mm/min 范围内选取。

（4）刀具空行程时，特别是远距离"回零"时，可以选择该机床数控系统给定的最高进给速度。

3. 背吃刀量确定（切削用量）

背吃刀量（a_p）根据机床、零件和刀具的刚度来决定，在刚度允许的条件下，应尽可能使背吃刀量等于零件的加工余量，这样可以减少走刀次数，提高生产效率。为了保证加工表面质量，可留少量精加工余量，一般留 0.2～0.5 mm。总之，切削用量的具体数值应根据机床性能、相关的手册并结合实际经验用类比方法确定。同时，使主轴转速、切削深度及进给速度三者能相互适应，以形成最佳切削用量。

4. 夹具的选择

为了保证机床加工的精度，提高生产效率。一般要求加工中心的夹具比普通机床夹具的结构更加紧凑、简单，夹紧动作迅速、准确，操作方便、省力、安全，并且保证足够的刚性。在加工中心上不仅可以使用通用夹具，如三爪自定心卡盘、台钳等，而且可根据机床的特点，使用其他夹具。

在加工中心上，要想合理应用好夹具，首先要对加工中心的加工特点有比较深刻的理解和掌握，同时还要考虑加工零件的精度、批量大小、制造周期和制造成本。

根据加工中心机床特点和加工需要，目前常用的夹具类型有专用夹具、组合夹具、可调夹具和成组夹具。一般的选择顺序是单件生产中尽量用台虎钳、压板螺钉等通用夹具，批量生产时优先考虑组合夹具，其次考虑可调夹具，最后选用专用夹具和成组夹具。在选择时要综合考虑各种因素，选择最经济、最合理的夹具形式。

在考虑夹紧方案时，应注意机床及工件的稳定性。防止出现由于机床、夹具和零件的刚度不够产生的自激振动，使加工后尺寸发生偏差。另外，在考虑夹紧方案时，夹紧力应力求靠近主要支撑点，或在支撑点所组成的三角形内，并靠近切削部位及刚性好的地方，尽量不要在被加工孔的上方，同时考虑各个夹压部件不要与加工部位和刀具发生干涉。

5. 工件的定位与安装

（1）定位

在确定加工工艺方案时，合理地选择定位基准对保证加工中心的加工精度，提高加工中心的效率有重要的意义。在确定零件的定位基准时，应遵循以下原则。

1）尽量选择零件上的设计基准作为定位基准。这样可以保证各个工位加工表面间的精度关系。特别是当某些表面还要靠多次装夹或其他机床完成加工时，选择设计基准作为定位基准，不仅可以避免因基准不重合而引起的定位误差，而且可以保证在一次装夹中就能够完成全部关键精度部位的加工，还可简化程序编制。

2）定位基准的选择，尽可能加工更多的内容。要考虑便于在一次定位中尽可能加工出多个表面，如对于箱体，最好采用一面两销的定位方式，以便刀具对其他表面进行加工。

3）当零件的定位基准与设计基准难以重合时，应认真分析装配图样，确定该零件基准的设计功能，通过尺寸链的计算，严格规定定位基准与设计基准间的公差范围，确保加工精度。

4）工件坐标系原点的选择要考虑便于编程和测量，对于各项尺寸精度要求较高的零件，确定定位基准时，应考虑坐标原点能否通过定位基准得到准确的测量，同时兼顾测量方法。

工件在安装之前，需用油石打磨工件的底面，去掉毛刺和修正凸起，并且用手检查工件表面是否干净。对于直接安装在工作台上的大型零件，工件在吊装到机床前，需先用油石打磨工作台面，修正凸起，再用抹布擦拭干净。

（2）工件的安装

在加工中心上加工的零件一般都比较复杂，零件在一次安装中，需要多种刀具进行加工，这就要求夹具既能承受大切削力，又要满足定位精度要求。

根据加工中心机床特点和加工需要，在加工中，对于小型零件一般采用平口台虎钳或三爪自定心卡盘、压板螺钉来安装工件。批量生产时优先考虑用组合夹具,其次考虑用可调夹具,最后考虑用专用夹具和成组夹具。在选择时要综合考虑各种因素,选择最经济、最合理的夹具形式。

在考虑夹紧方案时,夹紧力应力求靠近主要支承点,或在支承点所组成的三角形内,并靠近切削部位及刚性好的地方,尽量不要在被加工孔的上方,同时各个夹紧部件不可与加工部位和刀具发生干涉。夹具必须保证最小的夹紧变形,特别是零件在粗加工时,切削力大,需要夹紧力大,容易使零件夹紧变形,因此必须慎重选择夹具的支承点、定位点和夹紧点。

使用平口台虎钳安装工件,应将工件放在钳口中间部位,固定钳口位置并找正,工件被加工部分要高出钳口,避免刀具与钳口发生干涉。夹紧工件时,注意工件上浮。

第三节　刀具的选择与刀具交换

一、刀具的选择

刀具选择是指把刀库上指令了刀号的刀具转到换刀的位置,为下次换刀做好准备。这一动作的实现,是通过选刀指令——T功能指令实现的。T功能指令用T××表示。以1把刀为例,由于刀库装刀总容量为16把,因此编程时,可用T01～T16来指令16把刀具。在刀库刀具排满时,如果也在主轴上装1把刀,则刀具总数可以增加到17把,即T00～T16。

加工中心的刀具由成形刀具和标准刀柄两部分组成。其中成形刀具部分与通用刀具相同,如钻头、铣刀、丝锥等。标准刀柄部分可满足机床自动换刀的需要,能适应机械手的装刀和卸刀,便于在刀库中进行存取管理和搬运、识别等。

1. 加工中心对刀具的基本要求

(1) 优良的切削性能

具备承受高速切削和强力切削的性能。同一批刀具在切削性能和刀具寿命方面不应有较大差异,并要求切削性能稳定。在选择刀具材料时,应尽可能选用硬质合金,甚至选用硬度比硬质合金高数倍的立方氮化硼和金刚石等高硬度材料或者选用涂镀层刀具,以提高刀具的耐磨性、红硬性及韧性。

(2) 较高的形位精度和尺寸精度

具备较高的形位精度。例如:批量钻孔加工,传统的方法是依靠钻模上的钻套进行定位和导向。而在加工中心上不宜使用钻套,对孔位精度除机床结构因素影响外,主要取决于钻头切削刃,从而对钻头的直径和切削刃的位置精度提出了更严的要求,例如:在刃磨钻头时,两主切削刃应磨得十分对称以减小侧向力等。通常加工中心所用钻头、铰刀的尺寸公差只允许是依靠钻模加工时所用刀具公差的一半。同时,刀具的长度必须满足更高的精度要求,其轴向必须调定到准确尺寸。

(3) 刀具、刀片的品种规格多

为了在加工中心上通过一次或几次装夹、定位后,最大限度地加工出零件各部分的形状和尺寸,提高机床的利用率,就必须满足刀具、刀片的品种规格要多,以适应零件加工的各种需求。近年来发展起来的模块式刀具系统,能更好地满足多品种零件的加工,且有利于刀具的生产、使用和管理,有效地减少用户的刀具储备。配备完善、先进的刀具系统,是用好加工中心的重要环节。

2. 标准刀柄与刀具系统

加工中心的刀柄已经系列化和标准化,其锥柄和机械手抓卸部分都已有相应的标准。符合国家标准 GB10944—1989《自动换刀机床用 7:24 圆锥工具柄部 40、45 和 50 号圆锥柄》规定的标准刀柄,其结构如图 7-5 所示。

为了使机械手能够准确无误地抓取和移动刀具,要求加工中心所配刀柄的制造精度要高,才能保证换刀时不会出现掉刀和错位现象。与刀柄相连的刀具装夹部分也已系列化和标准化,它与刀柄制成一体构成了加工中心的刀具系统。(根据其结构不同,刀具系统又分为整体式和模块式两大类。我国的 TSG82 系统属于整体式结

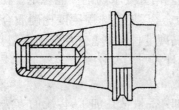 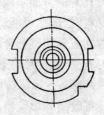

图 7-5　7：24 圆锥刀柄

构类型。）

二、数控加工中心的自动换刀

数控加工中心的自动换刀是利用刀库和换刀机械手实现的，在许多自动换刀装置中，在刀库和换刀机械手之间有运刀机构。这里只介绍从刀库直接到换刀机械手的换刀形式。以下是为自动换刀装置的换刀全部过程。

第一，通常数控机床在加工过程中，系统会自动检查下一工序段将使用的刀具，刀库旋转，把所指定的刀具运到换刀位置上，等待交换；

第二，加工结束，主轴准停，刀具自动来到换刀位置，数控装置通过位置开关检测双方刀具是否正确到位，如"Y"，运行 M06 换刀指令，步入换刀动作，换刀过程如下：

（1）机械手按顺时针方向旋转 90°后抓取双方刀具，主轴放松原来夹紧刀具；

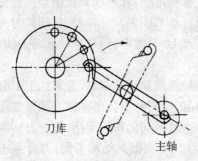

图 7-6　双臂机械手换刀

（2）机械手向背离主轴端前进，把两刀具从刀库的刀座中和主轴的锥孔中抓出来；

（3）换刀机械手旋转 180°，使两把刀具互换位置；

（4）换刀机械手向主轴方向前进，使新刀插入主轴锥孔中，用过的刀具插入刀库的刀座中，启动夹紧电动机，主轴夹紧新刀具；

（5）换刀机械手逆时针方向旋转 90°，回到原来位置，完成整个换刀动作（如图 7 - 6 所示）。

三、自动换刀程序的编制

1. 在一个程序段中，同时包含 T 指令与 M06 指令：

N_G28 Z_T×× M06；

执行本程序段时，首先执行 G28 指令，刀具沿 Z 轴自动返回参考点，然后执行主轴准停及自动换刀的动作。为避免执行 T 功能指令时占用加工时间，与 M06 写在一个程序段中的 T 指令是在换刀完成才执行，在执行 T 功能指令的同时机床继续执行后面的程序。这种编程方法在实际编程时应用较多。但需要特别说明的是，本程序段所写刀号是为下一次换刀时使用的，而不是本次使用的，本次使用的刀具应于前面的程序段中提前写出。

2. 在写有 T 功能指令的程序段后面，下一个程序段中紧接着写 M06 换刀指令：

N_G28 Z_T××；

M06；

采用这种编程方式，在 Z 轴返回参考点的同时，刀库也开始转位，若刀具返回参考点的动作已完成，而刀库转位仍未完成，则只有等刀库转位完成后，才开始执行下一个程序段的换刀动作，换刀占用的时间最长，因此编程时不宜采用。

第四节　准备功能与辅助功能

一、准备功能（G 功能）

系统准备功能如表 7 - 1 所示。G 代码分为两种类型：模态 G 代码与非模态 G 代码。模态 G 代码被指令后，直到同组的另一个 G 代码被指令后才无效；而非模态 G 代码仅在其被指令的程序段中有效。表 7 - 1 中，"00"组 G 代码是非模态 G 代码，其他各组代码均为模态 G 代码。同组中,有"▲"标记的 G 代码是在电源接通时或按下复位键时就立即生效的 G 代码。不同组的 G 代码可以在同一个程序段中被规定并有效。但当一个程序段中,指定了 2 个以上属于同组的 G 代码时,则仅最后一个被指定的 G 代码有效。

表 7-1 G 代码功能一览表

G 代码	组别	功　　能	G 代码	组别	功　　能
G00	01	快速点定位	▲G49		取消刀具长度补偿
▲G01		直线插补	G50		取消缩放
G02	00	顺时针圆弧插补	G51		比例缩放
G03		逆时针圆弧插补	G46		刀具位置偏移减少
G04		暂停(延时)	G47		刀具位置偏移两倍增加
G09		准确停止检验	G48		刀具位置偏移两倍减少
G10		刀具偏移量设定 工件零点偏移量设定	G54~G59	14	工件坐标系 1~6 选择
			G60	00	单向定位
▲G17	02	XY 平面选择	G61	15	精确停校验方式
G18		ZX 平面选择	▲G64		切削进给方式
G19		YZ 平面选择	G65	00	宏指令简单调用
G20	06	英制输入	G66	12	宏指令模态调用
G21		公制输入	G67		宏指令模态调用取消
▲G22	04	存储行程限位有效	G68	16	坐标系旋转方式建立
G23		存储行程限位无效	G69		坐标系旋转方式取消
G27	00	返回参考点校验	G73~G89	09	孔加工固定循环
G28		自动返回参考点	▲G90	03	绝对值编程
G29		由参考点返回	G91		增量值编程
▲G40	07	取消刀具半径补偿	G92	00	坐标系设定
G41		刀具半径补偿(左)	G94	05	每分钟进给
G42		刀具半径补偿(右)	G95		每转进给
G43	08	刀具长度补偿(+)	▲G98	10	固定循环返回到初始点
G44		刀具长度补偿(-)	G99		固定循环返回到 R 点

在固定循环方式中,如果规定了 01 组中的任何 G 代码,固定循环功能就被自动取消,系统处于 G80 状态,而且 01 组 G 代码不受任何固定循环 G 代码的影响。

二、常用准备功能的简要说明

前面数控车床与数控铣床编程中,已对常用准备功能的编程方法作过较详细的介绍。这些编程方法多数可用于加工中心的编程,此处仅作简单说明。

1. G00——快速点定位

使用此代码,在由地址 X、Y、Z 或 A、B、C 编程的各点上刀具定位。在绝对值方式中,一定要指令终点坐标值;而在增量值方式中,则必须指令从运动轨迹的起点到终点的增量值。各轴依内定的速度分别独自快速移动,定位时的刀具运动轨迹由各轴快速移动速度共同决定,一般不是直线。在 G00 定位方式中,刀具在起始点开始加速直至达到预定的速度,到达终点前减速并精确定位停止,然后继续执行下一个程序段。

三轴联动时的书写格式为: G00 X_Y_Z_;

2. G01——直线插补

刀具以直线插补的方式按照 F 代码规定的速度作进给运动,用于加工直线段。程序段中的 F 代码是模态的,各轴实际的进给速度是 F 速度在该轴方向上的投影分量。对于具有三轴联动功能的机床数控系统,用 G01 X_Y_Z_;可以实现空间直接插补。用 G90 或 G91 可以分别指令绝对值方式或增量值方式。在选择了附加联动控制功能时,能用第四轴地址(A、B 或 C)来替换 X、Y 或 Z,这样可以实现包括第四轴的三轴联动控制。

3. G02、G03——圆弧插补

G02 指令顺时针圆弧插补;G03 指令逆时针圆弧插补,尽管不在一条直线上的空间任意 3 点可以唯一确定一个圆弧,即加工中可能遇到空间任意方位的圆弧,但圆弧插补只能在与规定的 XY、ZX 或 YZ 平面平行的平面内实现。用 G17 指令 XY 平面的圆弧;用

G18 指令 ZX 平面的圆弧;用 G19 指令 YZ 平面的圆弧。圆弧插补指令中,用 X、Y、Z 中的任意两轴规定圆弧终点的位置,由 I、J、K 中的任意两轴或圆弧半径 R 规定圆心的位置。采用绝对值方式编程时,圆弧终点坐标是圆弧中点在工件坐标系中的坐标值;采用增量值方式编程时,圆弧终点坐标是圆弧终点相对圆弧起点的增量值。对于圆心位置的规定采用 I、J、K 方式时,本系统规定一律用增量值表示,而与 G90 或 G91 无关。用 I、J、K 分别指令从圆弧起点到圆心所作矢量在 X、Y、Z 各轴方向上的分矢量,分矢量方向与轴的方向不一致时,应在该分矢量的数值前冠以"—"号。采用 R 编程时,应注意圆弧所对应的圆心角的大小,大于 180° 的圆弧应在数值前冠以"—"号。用一段圆弧插补指令,可以编一个整圆,此时要用 I、J、K 来指令圆心,而 X、Y、Z 坐标可以省略不写。

4. G04——暂停(延时)

暂停指令可以使用两种格式,即"G04 X_;"与"G04 P_;"格式。使用 X 时,必须用小数点且单位为秒;使用 P 时,不用小数点且单位为毫秒。

5. G09——准确停止检验

该指令为非模态指令,仅在所出现的程序段中有效,在与包含有运动的指令(如 G01)同时被指令时,刀具在到达终点前减速并精确定位后才继续执行下一个程序段,因此可用于具有尖锐棱角的零件的加工(注:G00 与 G61 中自动包含了 G09)。

6. G10——刀具偏移量设定/工件零点偏移量设定

使用 G10 可以通过程序设定刀具偏移量,指令格式为"G10 P_ R_;",用 P 指令偏置号,用 R 指令偏移量。偏移量为绝对值还是增量值取决于 G90 方式还是 G91 方式。

7. G17、G18、G19——平面选择指令

G17 指令 XY 平面选择;G18 指令 ZX 平面选择;G19 指令 YZ 平面选择。G17、G18、G19 仅用于给圆弧插补与刀具半径补偿规定坐标平面。加工模具类零件时,经常需要采用球头端铣刀按行切法在与 ZX 平面或 YZ 平面平行的平面内作圆弧插补运动,编程时就

必须用 G18 或 G19 规定出圆弧插补的平面,并于加工后及时用 G17 恢复到 XY 平面,以免后续加工中发生错误。对于刀具半径补偿,也必须规定补偿平面,但一般情况下是在 XY 平面作补偿,而 G17 是机床一开机就有效的状态,因此,程序中往往可以省略不写。

8. G45、G46、G47、G48——刀具位置偏移增加、减少和两倍增加、两倍减少

可使刀具按运动段的长度沿 X 轴或 Y 轴方向伸长(或缩短)1 倍或 2 倍刀具半径补偿值,达到对某类零件自动补偿加工的目的。由于其功能可用 G41 或 G42 取代,故实际中很少应用。

9. G60——单方向定位

对于要求精确定位的孔加工,使用 G60 取代 G00 可以实现单方向定位,从而达到消除因间隙而引起的加工误差,实现精确定位的目的。定位时的方向由参数设定,即使指令的定位方向与设定的方向一致时,刀具也要在到达终点前停一次。G60 为非续效代码,只在被指定的程序段中有效。

10. G61——精确停校验方式

该指令规定了精确停止校验方式且为续效指令,在指令了 G61 的程序段之后,当遇到与运动有关的指令(如 G01),刀具到达该运动段的终点时,减速到零并精确定位后再执行下一个程序段。该指令工作方式在遇到 G64 时可以被自动终止。

11. G64——切削进给方式

在这种方式下工作时,刀具在运动到指令的终点后不减速而继续执行下一个程序段,但该指令不影响 G00、G09 或 G90 中的定位或校验。

12. G90、G91——绝对值、增量值方式

在 G90 方式下运动段的终点位置一律用该点在工作坐标系下的坐标值表示。在 G91 方式下运动的终点位置是执行本段时运动段的起点或运动段的终点所作矢量在各轴方向上的投影分量。

13. G92——坐标系设定

执行该指令后,就在机床上建立起了一个工作坐标系,该指令中的坐标值代表刀具刀位点在该坐标系中的坐标值,因此,操作者在使用写有坐标系设定指令的程序时,必须于工件安装后检查或调整刀具刀位点与工件坐标系之间的关系,以确保在机床上设定的工件坐标系与编程时在零件上所规定的工件坐标系在位置上重合一致。对于三轴联动的机床数控系统,该指令的书写格式为 G92 X_Y_Z_;各轴坐标均不得省略,否则对未被设定的坐标轴,将按以前的记忆执行,这样刀具在运动时,可能到达不了预期的位置,甚至会造成事故。

三、辅助功能(M 功能)

辅助功能由地址 M 和两位数字组成,在一个程序段中只应规定一个 M 指令;当在一个程序段中出现了两个或两个以上的 M 指令时,则只有最后一个被指令的 M 代码有效。对于不同的机床制造厂来说,各 M 功能指令的含义可能有所不同,表 7-2 所列的 M 功能仅供参考。

表 7-2 M 功能一览表

M 指令	功 能	简 要 说 明	注
M00	程序停止	程序停止时,所有模态指令不变,按循环启动(CYCLE START)按钮可以再启动	D
M01	选择停止	功能与 M00 相似,不同之处就在于程序是否停止取决于机床操作面板上的选择停止(OPTIONAL STOP)开关所处的状态,"ON"程序停止;"OFF"程序继续执行。当程序停止时,按循环启动按钮可以再启动	D
M02	程序结束	程序结束后不返回到程序开头的位置	D
M03	主轴正转	从主轴前端向主轴尾端看时为逆时针	
M04	主轴反转	从主轴前端向主轴尾端看时为顺时针	
M05	主轴停止	执行该指令后,主轴停止转动	
M06	刀具交换	主轴刀具与刀库上位于换刀位置的刀具交换,该指令中同时包含了 M19 指令,执行时先完成主轴准停的动作,然后才执行换刀动作	

（续　表）

M指令	功　能	简　要　说　明	注
M08	切削液开	执行该指令时,应先使切削液开关位于 OFF 的位置	
M09	切削液关		
M18	主轴解除	用于解除因 M19 引起的主轴准停状态	
M19	主轴准停	主轴停止时被定位在一个确定的角度,以便于换刀	
M21	镜像指令	用于 Y 轴镜像	
M22	镜像指令	用于 X 轴镜像	
M23	取消镜像	用于取消 M21、M22	
M30	程序结束	程序结束后自动返回到程序开头的位置	
M98	子程序调用	程序段中用 P 表示子程序地址,用 L_表示调用次数	
M99	子程序返回		

注：（1）"D"表示该指令只有在同一个程序段中其他指令执行后或进给结束以后才开始执行。

（2）用 M80～M89 可以实现 M06 换刀的分解动作,仅于机床调试或刀库故障时在 MDI 方式下使用,此处从略。

第五节　数控加工中心加工实例

ZH7640 立式加工中心由北京第三机床厂生产,采用华中铣床、加工中心数控系统；加工范围 600 mm×400 mm×500 mm；刀库可容纳 20 把刀；可用于镗、铣、钻、铰、攻丝等各种加工。

实例为在预先处理好的 100 mm×100 mm×100 mm 合金铝锭毛坯上加工图 7-5 所示的零件,其中正五边形外接圆直径为 80 mm。

一、工艺分析

本例中毛坯较为规则,采用平口钳装夹即可,选择以下 4 种刀具进行加工：1 号刀为 ϕ20 mm 两刃立铣刀,用于粗加工；2 号刀为 ϕ10 mm 中心钻,用于打定孔位；4 号刀为 ϕ10 mm 钻刀,用于加工孔。通过测量刀具,设定补偿值用于刀具补偿。

该零件的加工工艺为:加工 90 mm×90 mm×15 mm 的四边形→加工五边形→加工 ϕ40 mm 的内圆→精加工四边形、五边形、ϕ40 mm 的内圆→加工 4 个 ϕ10 mm 的孔。

二、编程说明

手工编程时应根据加工工艺编制加工的主程序,零件的局部形状由子程序加工。该零件由 1 个主程序和 5 个子程序组成,其中,P1001 为四边形加工子程序,P1002 为五边形加工子程序,P1003 为圆形加工子程序,P9888 为中心孔加工子程序,P9777 为加工孔子程序。

用 CAD/CAM 软件系统辅助编程。首先进行零件几何造型,生成零件的几何模型,如图 7-7 所示。然后用 CAM 软件再生成 NC 程序。本例先从 Pro/E 中造型,用 IGES 格式转化到 MasterCAM9.2 中(也可以直接用 MasterCAM 进行零件几何造型),由 MasterCAM 生成 NC 程序。

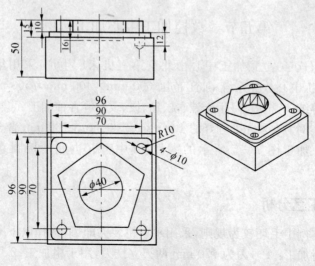

图 7-7 零件图

三、加工程序编制

%9944	主程序名
N01 G49 G40	取消刀具长度补偿和半径补偿
N05 G92 X0 Y0 Z10	坐标系定位
N10 M06 T01	换 1 号刀具
N15 S796 M03 M08	主轴转动、打开切削液
N17 Y−60.0	移动到开始加工位置
N19 Z5.0	
N20 G01 Z−4 F200	开始加工(粗加工)
N25 M98 P1001	调用子程序(加工四边形,分 4 次)
N30 G01 Z−8 F200	
N35 M98 P1001	
N40 G01 Z−12 F200	
N50 M98 P1001	
N55 G01 Z−14.8 F200	
N60 M98 P1001	
N65 G01 Z−4	
N67 G40	
N70 M98 P1002	
N75 G01 Z−8.0	
N80 M98 P1002	
N82 Z−9.8	
N90 M98 P1002	
N92 Z10.0	
N94 X0 Y0	
N100 G01 X5.0 Y5.0	螺旋下刀加工圆形(分 7 次)
Z−2.0 F100	
N112 X14.0 Y0 F118	
N115 G03 I−14.0	

N120 G01 X0

N122 Z10.0

N125 G01 X－5 Y－5 Z－6

N128 X14.0 Y0 F318

N130 G03 I－14.0

N135 G00 X0

N138 Z10.0

N140 G01 X－5 Y－5 Z－8

N145 X14.0 Y0 F318

N150 G03 I－14.0

N155 G00 X0

N160 Z10.0

N165 G01 X5 Y5 Z－10

N170 X14.0 Y0 F318

N175 G03 I－14.0

N180 G00 X0

N185 Z10.0

N190 G01 X5.0 Y5.0 Z－10

N195 X14.0 Y0 F318

N200 G03 I－14.0

N205 G00 X0

N210 Z10.0

N211 G01 X－5 Y－5 Z－12

N212 X14.0 Y0 F318

N213 G03 I14.0

N214 G00 X0

N215 Z10.0

N216 G01 X－5.0 Y－5.0 Z－12.0

N217 X14.0 Y0 F318

N218 G03 I－14.0

N219 G00 X0

N220 Z10. 0

N221 G01 Z−15. 8 F200

N222 X14. 0 Y0 F318

N223 G03 I−14. 0

N224 G00 X0

N225 Z10. 0

N226 G01 X0 Y0

N227 M06 T02　　　　　换 2 号刀具

N228 X0 Y−60. 0 Z5. 0

N230 G01 G41 Z−15. 0 D2 F200

N235 M98 P1001　　　　精加工四边形

N240 Z−9. 98

N245 M98 P1002　　　　精加工五边形(分 2 次)

N250 Z−10. 0

N255 M98 P1002

N260 Z10. 0

N265 X0 Y0

N270 G01 Z−15. 98 F200　精加工圆(分 2 次)

N275 M98 P1003

N280 Z−16. 0

N285 M98 P1003

N290 G00 Z100. 0

N295 M06 T03　　　　　换 3 号刀具加工定位孔

N300 G01 X0 Y0 Z10

N305 G90 G01 X−35 Y−35 F200

N310 M98 P9888

N315 Y35. 0

N320 M98 P9888

N325 X35. 0

N330 M98 P9888

N332 Y—35.0

N334 M98 P9888

N336 M06 T04 　　　　　换 4 号刀具加工孔

N340 G90 G01 X0 Y0 Z10 F200

N345 G01 X—35 Y—35

N350 M98 P9777

N358 Y35.0

N360 M98 P9777

N365 X35.0

N370 M98 P9777

N375 Y—35.0

N380 M98 P9777

N385 M30

%1001 　　　　　四边形子程序

N01 G90 G01 X15.0

N02 G03 X0 Y—45.0 R15.0

N03 G01 X—35.0

N05 G02 X—45.0 Y—35.0 R10.0

N06 G01 Y35.0

N08 G02 X—35.0 Y45.0 R10.0

N10 G01 X35.0

N12 G02 X45.0 Y35.0 R10.0

N14 G01 Y—35.0

N16 G02 X35.0 Y—45.0 R10.0

N18 G01 X0

N20 G03 X—15.0 Y—60.0 R15.0

N22 G01 X0

N25 M99

%1002　　　　　　　　五边形子程序
N01 G90 G01 X28.056
N03 G03 X0 Y−31.944 R28.056
N05 G01 X−23.512
N06 X−37.82 Y12.36
N08 X0 Y40.0
N09 X37.82 Y12.36
N10 X23.512 Y−31.944
N11 X0
N12 G03 X−28.056 Y−60.0 R28.056
N14 G01 X0
N16 M99

%1003　　　　　　　　圆形子程序
N10 G90 G01 X9.0 Y−10.0 F239
N20 X10.0
N30 G03 X20.0 Y0 R10.0
N40 I−20.0
N50 X10.0 Y10.0 R10.0
N60 G01 X0 Y0
N70 M99

%9888　　　　　　　　加工中心孔子程序
N10 G01 Z−17 F100
N20 G01 Z10
N30 M99

%9777　　　　　　　　加工孔子程序
N10 G01 Z−22 F100
N20 G01 Z10

N30 M99

·[··· 思 考 与 练 习 ···]··

1. 加工中心由哪些部分组成？

2. 哪些类型零件适合在加工中心上加工？

3. 加工中心编程由哪些特点？

4. 简述加工中心的自动换刀过程。

5. 在立式加工中心上加工如图 7-8 所示的平面凸轮,材料为铝合金。由一段 R50 mm 的圆弧、两段 R20 mm 的圆弧、一段 R30 mm 的圆弧和两段直线构成了凸轮的轮廓,凸轮厚 6 mm。零件毛坯是一个圆形毛坯,在普通车床已粗车外圆至 φ100 mm,并已完成上下平面及 φ20 mm 中心的孔加工。

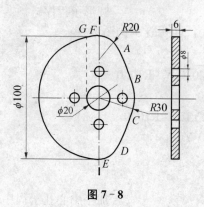

图 7-8

思考与练习答案

第1章

1. 答：数控技术（Numerical Control Technology），是指数字、字母和符号对某一工作过程进行可编程自动控制的技术。它已经成为制造业实现自动化、柔性化、集成化生产的基础技术。

2. 答：现代数控机床一般由输入/输出设备、计算机数控装置（CNC）、伺服系统和机床本体等部分组成。

3. 答：数控机床的加工过程如下：

（1）根据零件的加工图样进行工艺分析，确定加工方案、工艺参数和位置数据。

（2）用规定的程序代码和格式编写零件加工程序单，或用自动编程软件进行计算机辅助设计与制造工作，直接生成零件的加工程序文件。

（3）程序的输入或传输。由手工编写的程序，可以通过数控机床的操作面板输入程序；由自动编程软件生成的程序，通过计算机的串行通信接口直接传输到数控机床的数控单元（Machine Control Unit，MCU）。

（4）将输入或传输到数控单元的加工程序，进行刀具路径模拟、试运行。

（5）通过对机床的正确操作，运行程序，完成零件的加工。

4. 答：开环控制系统：指不带反馈的控制系统，即系统没有位置反馈元件，通常以功率步进电动机或电液伺服电动机作为执行机构。开环控制数控机床具有结构简单、工作稳定、调试方便、维修简单、价格低廉等优点，在精度和速度要求不高、驱动力矩不大的场合得到广泛应用，一般用于经济型数控机床。

半闭环控制系统：半闭环控制系统是在开环系统的丝杠上装有角位移检测装置，通过检测丝杠的转角间接地检测移动部件的位移，然后反馈给数控装置。半闭环系统结构简单、调试方便、精度也较高，在现代数控机床中得到广泛应用。

闭环控制系统：是在机床移动部件上直接装有位置检测装置，将测量的结果直接反馈到数控装置中，与输入的指令位移进行比较，用偏差进行控制，使移动部件按照实际的要求运动，最终实现精确定位。该控制系统主要用于精度要求很高的镗铣床、超精车床、超精磨床以及较大型的数控机床。

5. （见第1章第二节）。

第 2 章

1. 答：（1）减少机床内部热源和发热量；（2）控制温升；（3）改善机床结构。

2. （见第2章第三节第一部分）。

3. 答：数控机床的进给系统必须保证由计算机发出的控制指令转换成速度符合要求的相应角位移或直线位移，带动运动部件运动。根据工件加工的需要，在机床上各运动坐标的数字控制可以是相互独立的，也可以是联动的。总的说来，数控机床对进给系统的要求集中在精度、稳定和快速响应三个方面。为满足这种要求，首先需要高性能的伺服电动机，同时也需要高质量的机械结构与之匹配。

4. 答：为保证伺服进给系统工作的精度、刚度和稳定性，系统对机械结构的主要要求是高精度、高刚度、低摩擦和低惯量。为此，对于关键元件的正确选择和使用是至关重要的。例如：联轴器、同步带、滚珠丝杠螺母副以及导轨副等。

5. 答：轴向间隙的消除有以下几种方法：

（1）垫片调隙式：调整垫片厚度可通过改变两个螺母间位移消除传动副的轴向间隙。它的结构简单、可靠性好、刚度高、装卸方便，但调整比较困难。

（2）螺纹调隙式：通过转动螺母改变两个螺母间位移来消除传动副的轴向间隙。它的优点是调整方便，在出现磨损后还可以随时进行补充调整。其缺点是轴向尺寸较长，会增加丝杠螺纹部分的长度。

（3）齿差调隙式：当调整间隙时，将两个外齿轮从内齿圈中抽出并相对内齿圈分别同向转动一个齿，然后插回原内齿圈中。

6. 答：（1）滚动直线导轨：它是一种滚动体为圆珠的单元式标准结构导轨元件，相对运动表面经研磨成四列圆弧沟槽，滚珠锁定在保持架上，通过合成树脂的端面挡块，实现顺畅地循环滚动。滚动直线导轨在装配平面上采用整体安装的方法，因而即使安装平面有些偏差，也能因自身变形的矫正而保证滚珠仍然能顺畅地滚动。

(2) 滚动导轨块：滚动导轨块是一种圆柱滚动体的标准结构导轨元件。滚动导轨块安装在运动部件上，工作时滚动体在导轨块和支承件导轨平面(不动件)之间运动，在导轨块内部实现循环。滚动导轨块刚度高、承载能力强、便于拆卸，它的行程取决于支承件导轨平面的长度。但该类导轨制造成本高，抗振性能欠佳。

(3) 贴塑导轨：贴塑导轨是被广泛用在数控机床进给系统中的一种滑动摩擦导轨。贴塑导轨将塑料基的自润滑复合材料覆盖并粘贴于滑动部件的导轨上，与铸铁或镶钢的床身导轨配用，可改变原机床导轨的摩擦状态。与滑动摩擦导轨相比，它的摩擦系数小，动、静摩擦系数差小，低速无爬行，吸振，耐磨，抗撕伤能力强，成本低，粘结工艺简单，加工性和化学稳定性好，并有良好的自润滑性和抗振性，可在干摩擦状态下工作。

7. 答：回转工作台分为数控回转工作台和分度工作台两种。数控机床的圆周进给由回转工作台完成，称之为数控机床的第四轴。回转工作台可以与 X、Y、Z 三个坐标轴联动，从而加工出各种球、圆弧曲线等。回转工作台可以实现精确的自动分度，这样，就扩大了数控机床可加工的零件的范围。数控回转工作台主要用于数控镗床和铣床，其外形和通用机床分度工作台几乎一样，但它的驱动是伺服系统的驱动方式，还可以与其他伺服进给轴联动。分度工作台只能完成分度运动，不能实现圆周进给，它是按照数控系统的指令，在需要分度时将工作台连同工件回转一定的角度。分度时也可以采用手动分度。分度工作台一般只能回转规定的角度(如 90°、60°和 45°等)。

第 3 章

(略)

第 4 章

1. 答：

(1) 刀具的尺寸和定位精度高，满足数控机床的加工精度；

(2) 刀具具有良好的断屑功能，使得切削加工过程平稳；

(3) 刀具能够适应数控机床的快速换刀，减少换刀辅助时间；

(4) 数控刀具设计制造要求标准化、模块化。

为保证数控机床的加工精度，提高数控机床的生产率及降低刀具材料的消耗,在选用数控机床刀具时,除满足普通机床应具备的基本条件外,还要考虑在数控机床中刀具工作条件等多方面因素。此外还要求刀具系统有刀具工作状态检测报警装置,以及时更换磨损的刀具,避免产生产品质量事故。

2. 答:数控车床使用的刀具按切削部分的形状一般分为三类,即尖形车刀、圆弧形车刀和成型车刀,从切削方式上分包括圆表面加工刀具、端面加工刀具和中心孔类加工刀具。

(1) 尖形车刀:以直线形切削刃为特征的车刀一般称为尖形车刀。这类车刀的刀尖(同时也为其刀位点)由直线形的主、副切削刃构成,如 90°内外圆车刀,左右端面车刀,切断(车槽)车刀即刀尖倒棱很小的各种外圆和内孔车刀。

(2) 圆弧形车刀:圆弧形车刀的特征是,构成主切削刃的刀刃形状为一圆度误差或纹轮廓误差很小的圆弧;该圆弧刃每一点都是圆弧形车刀的刀尖,因此,刀位点不在圆弧上,而在该圆弧的圆心上。

圆弧形车刀可以用于车削内、外表面;特别适宜于车削各种光滑连接(凹形)的成型面。

(3) 成型车刀:成型车刀俗称样板车刀,其加工零件的轮廓形状完全由车刀刀刃的形状和尺寸决定。

3. 答:铣削加工刀具种类很多,在数控机床和加工中心上常用的铣刀有:(1) 平面铣刀,这种铣刀主要有圆柱铣刀和端面铣刀两种形式。(2) 键槽铣刀,键槽铣刀有两个刀齿,圆柱面和端面都有切削刃。(3) 模具铣刀,模具铣刀切削部分有球形、凸形、凹形和 T 形等各种形状。(4) 立铣刀,立铣刀是数控机床上用得最多的一种铣刀,立铣刀的圆柱表面和端面上都有切削刃,它们可以同时进行切削,也可以单独切削。(5) 组合成型铣刀,用多把铣刀组合使用,同时加工一个或多个零件,不但可以提高生产率,还可以保证零件的加工质量。(6) 钻削刀具,在数控铣床和加工中心上钻孔都是无钻模直接钻孔,因此一般钻孔深度约为直径的 5 倍左右,细长孔的加工易于折断,要注意冷却和排屑。镶三面刃夹刀片的强力高速钻头,其一片刀片位于中心线上,另一刀片位于周边上,它的形状类似深孔钻头,冷却液可以从钻头中心引入。为了提高刀片的寿命,刀片上涂有一层碳化钛层,寿命为一般刀片的 2～3 倍,使用这种钻头钻箱体孔,比普通麻花钻要提高工效 4～6 倍。

4. 答:(1) 工序集中原则

每道工序包括尽可能多的加工内容,从而使工序的总数减少。采用工序集中原则的优点是:有利于来用高效的专用设备和数控机床,提高生产效率;

减少工序数目,缩短工艺路线,简化生产计划和生产组织工作;减少机床数量、操作工人数和占地面积;减少工件装夹次数,不仅保证了各加工表面间的相互位置精度,而且减少了夹具数量和装夹工件的辅助时间。但专用设备和工艺装备投资大、调整维修比较麻烦、生产准备周期较长,不利于转产。

(2)工序分散原则

指将工件的加工分散在较多的工序内进行,每道工序的加工内容很少。采用工序分散原则的优点是:加工设备和工艺装备结构简单,调整和维修方便,操作简单,转产容易;有利于选择合理的切削用量,减少机动时间。但工艺路线较长,所需设备及工人人数多,占地面积大。

5. 答:(1)基面先行原则

用作精基准的表面应优先加工出来,因为定位基准的表面越精确,装夹误差就越小。例如:轴类零件加工时,总是先加工中心孔,再以中心孔为精基准加工外圆表面和端面。又如箱体类零件总是先加工定位用的平面和两个定位孔,再以平面和定位孔为精基准加工孔系和其他平面。

(2)先粗后精原则

各个表面的加工顺序按照粗加工→半精加工→精加工→光整加工的顺序依次进行,逐步提高表面的加工精度和减小表面粗糙度。

(3)先主后次原则

零件的主要工作表面、装配基面应先加工,从而能及早发现毛坯中主要表面可能出现的缺陷。次要表面可穿插进行,放在主要加工表面加工到一定程度后,精加工之前进行。

(4)先面后孔原则

对箱体、支架类零件,平面轮廓尺寸较大,一般先加工平面,再加工孔和其他尺寸,这样安排加工顺序,一方面用加工过的平面定位,稳定可靠;另一方面在加工过的平面上加工孔,比较容易,并能提高孔的加工精度,特别是钻孔,孔的轴线不易偏斜。

(5)先内后外原则

即先进行内形内腔加工工序,后进行外形加工工序。

第5章

1. 答:机床坐标系的各个坐标轴与机床导轨平行。判断机床坐标轴的顺序是首先定 Z 轴,然后定 X 轴,最后根据右手法则定 Y 轴。

Z 轴。其中数控机床的 Z 轴为平行机床的主轴方向,刀具远离工件的方向为 Z 轴正向,对于镗铣类机床,机床主运动是刀具回转,钻入工件方向为 Z 轴的负方向,退出工件的方向为 Z 轴的正方向。

X 轴。X 轴一般是水平的、平行于工件装夹面,对于立式数控镗铣床(Z 轴是垂直的),从主轴向立柱的方向看,右侧为 X 轴正向,对于卧式镗铣床(Z 轴是水平的),沿刀具主轴后端向工件看,右侧为 X 轴正向。

Y 轴。Y 轴垂直于 X、Z 轴,根据已经定下的 X 轴和 Z 轴,按右手直角笛卡儿坐标法则确定 Y 轴及其正方向。

A、B、C 坐标轴。A、B、C 是旋转坐标轴,其旋转轴线分别平行于 X、Y、Z 坐标轴,旋转运动方向,按右手螺旋法规定确定。

表示工件运动的坐标轴符号。如果在机床实体上刀具不运动,而是工件运动,这时在机床上坐标轴符号为:在相应的坐标轴字母上加撇表示,如 X、Y、Z、A、B、C 表示为 X′、Y′、Z′、A′、B′、C′等。显然带撇的字母表示工件运动,工件运动正向与刀具运动坐标轴的正向相反。

2. 答:加工中刀具位置由坐标值表示,对零件进行数学处理时,需要在零件图样上设定坐标系,称为工件坐标系。编程时使用的坐标尺寸字是工件坐标系的坐标值,工件坐标系就是编程坐标系。工件坐标系原点也称为程序原点。设定工件坐标系目的是使编程方便。设置工件坐标系原点的原则尽可能选择在工件的设计基准和工艺基准上,工件坐标系的坐标轴方向与机床坐标系的坐标轴方向保持一致。

3. 答:一个完整的程序由程序名、程序段号和相应的符号组成。程序段格式是指程序段书写规则,它包括数控机床要执行的功能和执行该功能所需要的参数。

(1) 程序名

由字母 O 或 P 或符号(如%)以及 3～4 位数字组成。例如:O0001。

(2) 程序段格式

N_G_X_Y_Z_I_J_K_F_S_T_M_

N 为程序段号,后跟 2～4 位数字;G、M 为指令代码,后跟 2 位数字;X、Y、Z 为坐标字;I、J、K 为圆弧的圆心坐标;F 为进给速度功能字;S 为主轴功能字;T 为刀具功能字。

4. 答:(1) 进给量指令 F,进给速度功能简称 F 功能或 F 指令。它是指定切削进给速度的一种指令。F 功能由地址 F 加几位数字组成。通常进给速度值是直接写在字母 F 的后面,如 F200、F0.3 等。F 指令为模态指令,即一经程序段中指定,便一直有效。与上段相同的 F 指令可以不写,直到以后程序中需要重新指定新的 F 或 G00 指令时才失效。

（2）主轴转速指令 S,主轴转速功能用来指定主轴的转速,简称 S 功能或 S 指令,S 功能由地址符 S 加几位数字组成,一般主轴转速值可以直接用 S 后面的数字表示。

（3）刀具号指令 T,指令功能 T 表示刀具地址符,前两位数表示刀具号,后两位数表示刀具补偿号。

（4）辅助功能 M,由字母 M 和其后的 2 位数字组成,从 M00～M99,主要用来指定机床加工时的辅助动作及状态,如主轴的启停、正反转,冷却液的通、断,刀具的更换,滑座和有关部件的夹紧与放松,也称开关功能。哪个代码对应哪个机床功能,由机床制造厂家决定。

5. 答:数控机床是按假想刀尖运动位置进行编程,实际刀尖部位是一个小圆弧,切削点是刀尖圆弧与工件的切点,在车削圆柱面和端面时,切削刀刃轨迹与工件轮廓一致;在车削锥面和圆弧时,切削刀刃轨迹会引起工件表面的位置与形状误差(图中δ值为加工圆锥面时产生的加工误差值),直接影响工件的加工精度。

在实际生产中,若工件加工精度要求不高或留有精加工余量时可忽略此误差,否则应考虑刀尖圆弧半径对工件形状的影响,采用刀具半径补偿。采用刀具半径补偿功能后可按工件的轮廓线编程,数控系统会自动计算刀心轨迹并按刀心轨迹运动,从而消除了刀尖圆弧半径对工件形状的影响。

6. 答:(1)找正法对刀。该方法是采用通用量具通过直接或间接的方法来找到刀具相对工件的正确位置。

（2）专用对刀仪对刀。该方法是借助专门的对刀仪器来找准刀具刀位点相对工件的位置,这种方法需配置对刀仪等辅助设备,成本较高,装卸刀具费力。但可提高对刀的效率和对刀的精度,一般用于精度要求较高的数控机床的对刀。

（3）自动对刀。该方法是利用 CNC 装置的刀具检测功能,自动精确地测出刀具各坐标方向的长度,自动修正刀具补偿值,并且不用停顿就能直接加工工件。这种方法对刀精度和效率非常高,但需自动对刀系统,并且 CNC 装置应具有刀具自动检测辅助功能,成本高,一般只用于高档数控机床的对刀。

7. 答:(1)平面加工,数控机床铣削平面可以分为对工件的水平面(XY)加工,对工件的正平面(XZ)加工和对工件的侧平面(YZ)加工。只要使用两轴半控制的数控铣床就能完成这样平面的铣削加工。(2)曲面加工,如果铣削复杂的曲面则需要使用三轴甚至更多轴联动的数控铣床。另外,还能加工复杂的型腔和凸台。

8. 答：数控加工中，为简化编程将多个程序段的指令按规定的执行顺序用一个程序段表示，即用一个固定循环指令可以产生几个固定、有序的动作。现代数控系统特别是数控车床、数控铣床、加工中心都具有多种固定循环功能，例如：车削螺纹的过程，将快速引进、切螺纹、径向或斜向退出、快速返回四个动作综合成一个程序段；锪底孔时将快速引进、锪孔、孔底进给暂停、快速退出四个固定动作综合成一个程序段等。对这类典型的、经常应用的固定动作，可以预先编好程序并存储在系统中，用一个固定循环 G 指令去调用执行，从而使编程简短、方便，又能提高编程质量。不同的数控系统所具有的固定循环指令各不相同，一般，在 G 代码中，常用 G70～G79 和 G80～G89 等不指定代码作为固定循环指令。

9. 答：

1) 采用绝对值编程：

……

N05 G00（　　G00 X20 Z2　　　　　　　　　　　　）；

N10 G01（　　G01 Z—30 F80　　　　　　　　　　　）；

N15 G02（　　G02 X40 Z—40 R10 F60　　　　　　　）；

……

2) 采用增量值编程：

……

N05 G00（　　G00 U—80 W—98　　　　　　　　　　）；

N10 G01（　　G01 U0 W—32 F80　　　　　　　　　）；

N15 G02（　　G02 U20 W—10 R10 F60　　　　　　　）；

……

10. 解：

编程如下：

O0010

N0010 G50 X200 Z100

N0020 M03 S800 T0101

N0030 G00 X35 Z0

N0040 G01 X—1 F0.3

N0050 G00 Z2

N0060 X30

N0070 G01 Z—90 F0. 3

N0080 G00 U2

N0090 Z2

N0100 X25

N0110 G01 Z—70 F0. 3

N0120 G00 U2

N0130 Z2

N0140 X20

N0150 C01 W—32. 0 F0. 3

N0160 G28·U0 W0 T0100

N0170 M03 S300 T0202

N0180 G00 X35 Z—80

N0190 G01 X0 F0. 1

N0200 G00 X200 Z100 T0200 M05

N0210 M30

11. 解：

(1) 选用 T01 外圆刀一把。

(2) 设定工件坐标系的原点在右端面的中心。

(3) 编制加工程序。

O0023

N10 G50 X100 Z100

N20 M06 T0101

N25 G04 P3

N30 M03 M07

N40 G90 G00 X32 Z4

N50 G01 Z0 F200

N60 X—1

N70 G90 G00 X32 Z4

N80 G71 U2 W0 R1 P90 Q170 X0. 5 Z0 F200

N90 G01 X8 Z4 F100

N100 Z0

N110 X10 Z—1

N120 Z—15

N130 X14

N140 X16 Z—16

N150 Z—28

N160 G02 X24 Z—32 R4

N170 G01 Z—35

N210 G90 G00 X100 Z100

N215 T0100

N220 M05 M09

N230 M30

12. 解：

(1) 工艺分析，此零件的车削加工包括车端面、倒角、外圆、锥面、圆弧过渡面，切槽加工和切断。

(2) 选择刀具，根据加工要求需选择三把刀：1号刀车外圆，2号刀切槽，刀刃宽4 mm，3号刀车螺纹。

(3) 工艺路线，首先车削外形，然后进行切槽加工，最后车螺纹。

(4) 数值计算

螺纹大径：$D_大 = D_{公称} - 0.1 \times 螺距 = (12 - 0.1 \times 1) = 11.9$ mm

螺纹小径：$D_小 = D_{公称} - 1.3 \times 螺距 = (12 - 1.3 \times 1) = 10.7$ mm

螺纹加工引入量=3 mm，超越量=2 mm

(5) 数控编程

O1112

N010 G50 X200 Z300

N020 S600 M03 T0101 M08

N030 G00 X24 Z0

N040 G01 X—1 F0.15

N050 X11.9 Z—1.0

N060 Z—14.0

N070 X12

N080 X16 Z—18

N090 X10 Z—38

N100 G02 X18 Z—42 I4 K0

N110 G03 X24 Z—45 I0 K—3

N120 G01 Z—50 M09

N130 G00 X200 Z300 M05 T0100

N140 S300 M03 T0202

N150 G00 X16 Z−14 M08

N160 G01 X9 F0.15

N170 G05 X5

N180 G00 X200 M09

N190 Z300 M05 T0200

N200 S200 M03 T0303

N210 G00 X16 Z3

N220 G92 X11.3 Z−12 F1.0

N230 X11

N240 X10.7 M09

N250 G00 X200 Z300 M05 T0300

N260 S300 M03 T0202

N270 G00 X30 Z−52 M08

N280 G01 X0 F0.15 M09

N290 G00 X200 Z300 M05 T0200

N300 M30

13. 解：

（1）绝对值编程

O1111

N10 G54 G90 G17 S800 M03

N20 G00 X40 Y−40

N30 G01 X 80 F200

N40 Y−20

N50 G02 X−40 Y20 R40 F100

N60 G03 X20 Y80 R60

N70 G01 X40 F200

N80 Y−40

N90 G00 X0 Y0 M05

N100 M30

（2）增量值编程

O1111

N10 G91 G17 S800 M03

N20 G00 X40 Y10

N30 C01 X 120 F200

N40 Y20

N50 G02 X40 Y40 R40 F100

N60 G03 X60 Y60 R60

N70 G01 X20 F200

N80 Y—120

N90 G00 X 40 Y40 M05

N100 M30

14. 解：

程序编制如下：

O1111

N10 G54 G9 G49 G40 G17 G00 X0 Y0

N20 X—50 Y—40

N30 Z5 M08

N40 G01 Z11 F20

N50 G42 Y—30 D01 F100

N60 G02 X—40 Y—20 I10 J0

N70 G01 X20

N80 G03 X40 Y0 I0 J20

N90 X—6.195 Y39.517 I—40 J0

N100 G01 X—40 Y20

N110 Y—40

N120 G40 X—50

N130 G00 Z50

N140 X0 Y0

N150 M05

N160 M02

15. 解：

程序编制如下：

O5002

N01 G92 X—20 Y—20 Z100

N02 M03 S500

N03 M06 T01

N04 G00 G43 Z−23 H01

N05 G01 G41 X0 Y−8 D01 F100

N06 Y56

N07 X80

N08 Y0

N09 X−10

N10 G00 G40 X−20 Y−20

N11 G49 Z100

N12 M06 T2

N13 G00 G43 Z−10 H02

N14 X5 Y−10

N15 G01 Y70 F100

N16 X13

N17 Y−10

N18 X14

N19 Y70

N20 G00 X75

N21 G01 Y−10 F100

N22 X67

N23 Y70

N24 X66

N25 Y−10

N26 G49 Z100

N27 G00 X−20 Y−20

N28 M06 T03

N29 G00 G43 Z10 H03

N30 G98 G73 X12 Y14 Z−23 R−6 Q−5 F50

N31 G98 G73 G91 X23 G90 Z−23 R4 Q−5 L2 F50

N32 G98 G73 X58 Y42 Z−23 R−6 Q−5 F50

N33 G98 G73 G91 X−23 G90 Z−23 R4 Q−5 L2 F50

N34 G00 G49 Z100

N35 X—20 Y—20

N36 M05

N37 M30

第6章

1. 答：HCNC‐21T 车床系统操作面板大致可分为：机床操作按键站(PC 按键站)、MDI 键盘按键站(NC 按键站)、功能软键站、显示屏。

2. 答：HCNC‐21M 铣床系统操作面板，它大致可分为：机床操作按键区(PC 按键区)、MDI 键盘区(NC 按键站)、功能软键区、显示屏。

第7章

1. 答：加工中心总体上是由以下几大部分组成。

(1) 基础部件，由床身、立柱和工作台等大件组成，它们是加工中心结构中的基础部件。这些大件有铸铁件，也有焊接的钢结构件，它们要承受加工中心的静载荷以及在加工时的切削负载，因此必须具备极高的刚度，也是加工中心中质量和体积最大的部件。

(2) 主轴部件，由主轴箱、主轴电动机、主轴和主轴轴承等零件组成。主轴的启动、停止等动作和转速均由数控系统控制，并通过装在主轴上的刀具进行切削。主轴部件是切削加工的功率输出部件，是加工中心的关键部件，其结构的好坏，对加工中心的性能有很大的影响。

(3) 数控系统，由 CNC 装置、可编程序控制器、伺服驱动装置以及电动机等部件组成，是加工中心执行顺序控制动作和控制加工过程的中心。

(4) 自动换刀装置(ATC)，加工中心与一般机床的显著区别是具有对零件进行多工序加工能力，有一套自动换刀装置。

2. 答：加工中心加工对象为：

(1) 箱体类零件 这类工件一般都要求进行多工位孔系及平面的加工，定位精度要求高，在加工中心上加工时，一次装夹可完成普通机床 60%～95% 的工序内容。

(2) 复杂曲面类零件 复杂曲面一般可以用球头铣刀进行三坐标联动加工，加工精度较高，但效率低。如果工件存在加工干涉区或加工盲区，就必须考虑采用四坐标或五坐标联动的机床。

(3) 异形件 异形件是外形不规则的零件，大多需要点、线、面多工位混合加工。加工异形件时,形状越复杂,精度要求越高,使用加工中心越能显示其优越性,如手机外壳等。

(4) 板、套、盘类零件 这类工件包括带有键槽和径向孔,端面分布有孔系、曲面的盘套或轴类工件。

(5) 特殊加工。

3. 答:加工中心编程具有以下特点:

(1) 首先应进行合理的工艺分析。由于零件加工的工序多,使用的刀具种类多,甚至在一次装夹下,要完成粗加工、半精加工与精加工,周密合理地安排各工序加工的顺序,有利于提高加工精度和生产效率。

(2) 根据加工要求、批量等情况,决定采用自动换刀还是手动换刀。一般地,对于加工批量在 10 件以上,而且刀具更换又比较频繁时,以采用自动换刀为宜。但当加工批量很小而且使用的刀具种类又不多时,把自动换刀安排到程序中,反而会增加机床的调整时间。

(3) 自动换刀要留出足够的换刀空间。有些刀具直径较大或尺寸较长,自动换刀时要注意避免发生撞刀事故。

(4) 为提高机床利用率,尽量采用刀具机外预调,并将测量尺寸填写到刀具卡片中,以便于操作者在运行程序前,及时修改刀具补偿参数。

(5) 对于编好的程序,必须进行认真检查,并于加工前安排好试运行。从编程的出错率来看,采用手工编程比自动编程出错率要高,特别是在生产现场,为临时加工而编程时,出错率更高,认真检查程序并安排好试运行就更为必要。

(6) 尽量把不同工序内容的程序,分别安排到不同的子程序中。当零件加工工序较多时,为了便于程序的调试,一般将各工序内容分别安排到不同的子程序中,主程序主要完成换刀及子程序的调用。这种安排便于按每一工序独立地调试程序,也便于因加工顺序不合理而做出重新调整。

4. 答:第一,通常数控机床在加工过程中,系统会自动检查下一工序段将使用的刀具,刀库旋转,把所指定的刀具运到换刀位置上,等待交换;第二,加工结束,主轴准停,刀具自动来到换刀位置,数控装置通过位置开关检测双方刀具是否正确到位,如"Y",运行 M06 换刀指令,步入换刀动作,换刀过程如下:

(1) 机械手按顺时针方向旋转 90°后抓取双方刀具,主轴放松原来夹紧刀具;

(2) 机械手向背离主轴端前进,把两刀具从刀库的刀座中和主轴的锥孔中

抓出来;

(3) 换刀机械手旋转180°,使两把刀具互换位置;

(4) 换刀机械手向主轴方向前进,使新刀插入主轴锥孔中,用过的刀具插入刀库的刀座中,启动夹紧电动机,主轴夹紧新刀具;

(5) 换刀机械手逆时针方向旋转90°,回到原来位置,完成整个换刀动作。

5. 解:

(1) 工艺分析

该凸轮的材料为硬铝合金,毛坯直径为 $\phi100$ mm,材料的切削量不大,铣刀沿凸轮的轮廓铣削一圈即可完成加工,加工时用两道工序,第一道工序是粗铣凸轮轮廓,第二道工序是精铣,精铣时凸轮的径向切削余量为 0.5 mm。编程时只用一个程序,只不过在粗加工时设刀具的半径比实际半径值大 0.5 mm,精加工时再改为实际值。

(2) 对于次类小型凸轮,一般采用心轴定位、压紧即可。

(3) 刀具与切削用量选择

1) 选用 $\phi12$ mm 的立铣刀,刀具号为 T01,主轴转速为S1 200 r/min,进给量为 F150 mm/min。

2) 选用 $\phi2$ mm 的中心钻,刀具号为 T02,主轴转速为S1 000 r/min,进给量为 F100 mm/min。

3) 选用 $\phi8$ mm 的麻花钻,刀具号为 T03,主轴转速为 S800 r/min,进给量为 F80 mm/min。

(4) 编程坐标系与走刀路线

编程坐标系零点设在凸轮毛坯轴心上表面处。经查询计算个点坐标如下:A(18.856,36.667)、B(28.284,10.00)、C(28.284,−10)、D(18.856,36.667)。

走刀路线为:起刀点→F→E→D→C→B→A→F→抬刀点→换刀→钻中心孔→换刀→钻 $4\times\phi10$ mm 的孔。

(5) 加工程序编制如下:

O1111

N01 G92 Y0 Z35 M06 T01

N02 G90 G00 X50 Y80

N03 G01 Z−7 M03 F150 S1 000

N04 G01 G42 X0 Y50 D01 F150 D01

N05 G03 Y 50 I0 J−50

N06 G03 X18.856 Y−36.667 R20

N07 G01 X28.284 Y−10

N08 G03 X28.284 Y10 R30

N09 C01 X18.856 Y36.667

N10 C03 X0 Y50 R20

N11 G01 X−10

N12 Z35 F500

N13 G00 X50 Y80

N14 G01 Z−7 M03 F150 S1200

N15 C01 G42 X0 Y50 D01 F150 D02

N16 G03 Y−50 I0 J−50

N17 G03 X18.856 Y−36.667 R20

N18 G01 X28.284 Y−10

N19 G03 X28.284 Y10 R30

N20 G01 X18.856 Y36.667

N21 G03 X0 Y50 R20

N22 G01 X−10

N23 Z35 F500

N24 G40 Y0 M05

N25 M06 T02

N26 M03 S1000

N27 G00 X20 Y0

N28 G00 Z3

N29 G01 Z−2 F100

N30 G00 Z30

N31 G00 X0 Y20

N32 G00 Z3

N33 G01 Z−2 F200

N34 G00 Z30

N35 G00 X20 Y0

N36 G00 Z3

N37 G01 Z−2 F200

N38 G00 Z30

N39 G00 X0 Y-20
N40 G00 Z3
N41 G01 Z-2 F200
N42 G00 Z30 M05
N43 M06 T03
N44 M03 S800
N45 G00 X20 Y0
N46 G00 Z3
N47 G01 Z-7 F80
N48 G01 Z30
N49 G00 X0 Y20
N50 G00 Z3
N51 G01 Z-7 F80

参 考 文 献

1. 楼章华主编,《数控编程与加工》,江西高校出版社,2004 年版
2. 陈志雄主编,《数控机床与数控编程技术》,电子工业出版社, 2003 年版
3. 徐伟主编,《数控机床仿真实训》,电子工业出版社,2004 年版
4. 王爱玲等主编,《现代数控机床技术系列》,国防工业出版社, 2005 年版
5. 于万成主编,《数控加工工艺与编程基础》,人民邮电出版社, 2007 年版
6. 王彪、张兰主编,《数控加工技术》,中国林业出版社,北京大学 出版社,2006 年版
7. 邓奕主编,《数控机床结构与数控编程》,国防工业出版社,2006 年版
8. 李蓓华主编,《数控机床操作工》[中级],中国劳动社会保障出 版社,2006 年版
9. 蒋建强主编,《数控编程技术 200 例》,科学出版社,2004 年版
10. 张辽远主编,《现代加工技术》,机械工业出版社,2003 年版
11. 王贵明主编,《数控实用技术》,机械工业出版社
12. 徐衡主编,《FANUC 系统数控铣床和加工中心培训教程》,化学 工业出版社,2007 年版
13. 孙竹、何善亮主编,《加工中心编程与操作》,机械工业出版社, 1999 年版
14. 李佳主编,《数控机床及应用》,清华大学出版社,2001 年版

15. 夏凤芳主编,《数控机床》,高等教育出版社,2005 年版
16. 蒋建强主编,《数控加工技术与实训》,电子工业出版社,2003
年版
17. 王永章主编,《数控技术》,高等教育出版社,2001 年版
18. 李正峰主编,《数控加工工艺》,上海交通大学出版社,2004 年版
19. 党志宏主编,《数控机床操作与维护》,机械工业出版社,2002
年版
20. Daxl · Kurz · Schachinger,《Grundlagen ueber numerisch gesteuerte Werkzeugmaschinen (CNC)》, Verlag Jungend & Volk GmbH,2005